禽养殖防疫消毒技术指南系列丛书

养鸭防疫消毒技术指南

王立春 主编

U0306616

中国农业科学技术出版社

图书在版编目（CIP）数据

养鸭防疫消毒技术指南 / 王立春主编 .—北京：中国农业科学技术出版社，2017.9

ISBN 978-7-5116-3117-6

Ⅰ .①养… Ⅱ .①王… Ⅲ .①鸭病—防疫—指南②鸭—养殖场—消毒—指南 Ⅳ .① S858.32-62

中国版本图书馆 CIP 数据核字（2017）第 138783 号

责任编辑　张国锋
责任校对　贾海霞

出 版 者	中国农业科学技术出版社
	北京市中关村南大街 12 号　邮编：100081
电　　话	（010）82106636（编辑室）（010）82109702（发行部）
	（010）82109709（读者服务部）
传　　真	（010）82106631
网　　址	http://www.castp.cn
经 销 者	各地新华书店
印 刷 者	北京富泰印刷有限责任公司
开　　本	850mm×1 168mm　1 /32
印　　张	4.5
字　　数	134 千字
版　　次	2017 年 9 月第 1 版　2017 年 9 月第 1 次印刷
定　　价	22.00 元

编写人员名单

主　编　王立春

副主编　解植询　薛喜梅

编写人员

李连任　侯和菊　季大平　李长强　解植询

李　童　王立春　薛喜梅　满维周　孙　皓

前　言

近年来，在我国建设农业生态文明的新形势下，规模化养殖得到较快发展，畜禽生产方式也发生了很大的变化，给动物防疫工作提出了更新、更高的要求。同时，随着市场经济体制的不断推进，国内外动物及其产品贸易日益频繁，给各种畜禽病原微生物的污染传播创造了更多的机会和条件，加之畜禽养殖者对动物防疫及卫生消毒工作的认识普及和落实不够，传染病已成为制约畜禽养殖业前行的一个"瓶颈"，并对公众健康构成了潜在的威胁。为了有效地防控畜禽疫情，贯彻"预防为主"的方针，采取综合防控措施，就越来越显得重要，而消毒、防疫可杀灭或抑制病原微生物生长繁殖，阻断疫病传播途径，净化养殖环境，从而预防和控制疫病发生。

为了适应畜禽生产和防疫工作的需要，笔者编写了这套《畜禽养殖防疫消毒技术指南系列丛书》。书中比较系统地介绍了消毒基础知识、消毒常用药物和养殖现场（包括环境、场地、圈舍、畜禽体、饲养用具、车辆、粪便及污水）等的消毒技术、方法以及畜禽疾病的免疫防控等知识，内容比较全面，较充分地反映了国内外有关的最新科技成果，突出了怎样消毒、如何防疫，科学性、实用性和可操作性较强，通俗易懂，可供广大养殖场、养殖专业户和畜牧兽医工作者参考。

由于作者水平有限，加之时间仓促，书中讹误之处在所难免，恳请广大读者不吝指正。

编　者

2017 年 5 月

目　录

第一章
◀◀◀ **消毒基础知识** ▶▶▶

第一节 消 毒

一、概念

微生物是广泛分布于自然界中的一群个体难以用肉眼观察的微小生物的统称，包括细菌、真菌、霉形体、螺旋体、支原体、衣原体、立克次体和病毒等。其中有些微生物对畜禽是有益的微生物，主要有以乳酸菌、酵母菌、光合菌等为主的有益微生物，是畜禽正常生长发育所必需；另一些则是对动物有害的病原微生物或致病微生物，如果病原微生物侵入畜禽机体，不仅会引起各种传染病的发生和流行，也会引起皮肤、黏膜（如鼻、眼等）等部位感染。可引起人和畜禽各种各样的疾病，即传染病，有传染性和流行性，不仅可造成大批畜禽的死亡和畜禽产品的损失，某些人畜共患疾病还能给人的健康带来严重威胁。病原微生物的存在，是畜禽生产的大敌。

随着集约化畜牧业的发展，预防畜禽群体发病特别是传染病，已成为现阶段兽医工作的重点。要消灭和消除病原微生物，必不可少的办法就是消毒。

（一）消毒

消毒指用物理的、化学的和生物的方法杀灭物体中及环境中的病原微生物。而对非病原微生物及其芽孢（真菌）孢子并不严格要求全部杀死。其目的是预防和防止疾病的传播和蔓延。

消毒是预防疾病的重要手段，它可以杀灭和消除传染媒介上的病原微生物，使之达到无害化处理，切断疾病传播途径，达到预防和扑灭疾病的目的。

若将传播媒介上所有微生物（包括病原微生物和非病原微生物及其芽孢、霉菌孢子等）全部杀灭或消除，达到无菌程度，则称灭菌，灭菌是最彻底的消毒。对活组织表面的消毒，又称抗菌。阻止或抑制微生物的生长繁殖叫做防腐或抑菌，有的也将之作为一种消毒措施。杀灭人、畜体组织内的微生物则属于治疗措施，不属于消毒范畴。

（二）防疫

近年来，由于微生物学、流行病学、生物化学等学科迅速向纵深发展，既为消毒工作提供了理论基础，也给消毒工作提出了新的要求。此外，物理与化学新技术的发展也给消毒药物、器械与方法的更新提供了条件。从而，有关消毒的理论与技术不断得到充实，已形成了一门独立学科。消毒学的形成与发展，不仅在卫生防疫工作上具有重要意义，而且对食品工业、制药工业、生物制品工业以及物品的防腐、防霉等方面也都起到了应有的作用。

二、消毒的意义

当前养殖场饲养成本不断上升，养殖利润空间不断缩水，这些问题不断困惑着养殖者。出现这种情况，除了饲料原料、饲料、人力成本增加等因素外，养殖成活率不高、生产性能不达标也是最主要的因素之一。因此，增强消毒管理意识，加强消毒管理，提高成活率及生产性能，是养殖者亟须注意的问题。

1. 消毒是性价比最高的保健

鸭密集型饲养成功的关键是要保证鸭的健康成长，特别是要预防传染病的发生，因密集型饲养，一旦发生传染病，极易全群覆灭。所以，必须采取预防传染病发生的措施。养鸭场消毒工作是其中最重要的一环，鸭病治疗则是不得已而采取的办法，对此不应特别强调。因为鸭的疫病多数是由病毒引起的，是无药可治的，细菌引起的疾病虽有药可以治疗，但增加了养鸭成本。因此，预防传染病的发生是关键，消毒工作又是预防传染病发生的重要措施之一。鸭发病的可能性随饲养数量的增加而增加。

病原体存在于畜禽舍内外环境中，达到一定数量，具备了一定的毒力即可诱发疾病；过高的饲养密度可加快病原体的聚集速度，增加疾病感染机会；疾病多为混合感染（合并感染），一种抗生素不能治疗多种疾病；许多疾病尚无良好的药物和疫苗；疫苗接种后，抗体产生前是疾病高发的危险期，初期抗体效力低于外界污染程度时，降低外界病原体的数量可减少感染的机会。

通过环境消毒，可广谱杀菌、杀毒，杀灭体外及其环境存在的病原微生物。只有通过消毒才可以减少药物使用成本，并且消毒无体内残留的问题。所以消毒是性价比最高的保健。

2. 预防传染病及其他疾病

传染病是由各种病原体引起的能在人与人、动物与动物或人与动物之间相互传播的一类疾病。病原体中大部分是微生物，小部分为寄生虫，寄生虫引起者又称寄生虫病。传染病的特点是有病原体、传染性和流行性，感染后常有免疫性。其传播和流行必须具备3个环节，即传染源（能排出病原体的畜禽）、传播途径（病原体传染其他畜禽的途径）及易感畜禽群（对该种传染病无免疫力者）。若能完全切断其中的一个环节，即可防止该种传染病的发生和流行。其中，切断传播途径最有效的方法是消毒、杀虫和灭鼠。因此，消毒是消灭和根除病原体必不可少的手段，也是兽医卫生防疫工作中的一项重要工作，是预防和扑灭传染病的最重要措施之一。

3. 防止群体和个体交叉感染

在集约化养殖业迅速发展的今天，消毒工作更加显现出其重要性，并已经成为养鸭生产过程中必不可少的重要环节之一。一般来说，病原微生物感染具有种的特异性。因此，同种间的交叉感染是传染病发生、流行的主要途径。如新城疫只能在禽类中传播流行，一般不会引起其他动物或人的感染发病。但也有些传染病可以在不同种群间流行，如结核病、禽流感等，不仅可以引起鸟类、禽类共患，甚至可以感染人。

鸭的疫病一般可通过两种方式传播，一是鸭与鸭之间的传播，称为水平传播，包括接触病鸭、污染的垫料垫草、有病原体的尘埃、与病鸭接触过的饲料和饮水，还可通过带病原体的野鸟、昆虫等传播，如新城疫、禽流感、禽霍乱、马立克氏病等；另一种方式是母鸭将病原体传播给后代，称为垂直传播，如禽白血病、鸭白痢等。因此，防止交叉感染发生是保证养鸭业健康发展和人类健康的重要措施，消毒是防止鸭个体和群体之间交叉感染的主要手段。

4. 消除非常时期传染病的发生和流行

鸭的疫病水平传播有两条途径，即消化道和呼吸道。消化道途径通常是指带有病原体的粪便污染饮水、用具、物品，主要指病原体对饲料、饮水、笼舍及用具的污染；呼吸道途径主要指通过空气和飞沫传播，被感染动物通过咳嗽、打喷嚏和呼吸等将病原体排入空气中，并可污染环境中的物体。非常时期传染病的流行主要就是通过这两种方式。因此，对空气和环境中的物体消毒具有重要的防病意义。消毒可切断传染病的流行过程，从而防止人类和动物传染病的发生。另外，动物门诊、兽医院等地方也是病原微生物比较集中的地方，做好这些地方的消毒工作，对防止动物群体之间传染病的流行也具有重要意义。

5. 预防和控制新发传染病的发生和流行

近年来，我国养鸭业的蓬勃发展，为人们提供了大量的鸭产品（肉、蛋），极大地改善了人们的生活，提高了人民的健康水平。鸭肉和蛋品已成为人们餐桌上的重要食品，进一步促进了养鸭业的发展。同时，一些疫病也随之流行，不但国内一些原已存在的疫病，如大肠杆菌病、沙门氏菌病、禽霍乱、新城疫等广泛流行，一些国外的疫病，如传染性法氏囊病、减蛋综合征等也随着新品种的引进而带至国内，造成了广泛的流行。由于对禽病的预防和消毒工作没有及时开展，给养鸭业造成了巨大的经济损失，极大地妨碍了养鸭业的发展。有些疫病，在尚未确定具体传染源的情况下，对有可能被病原微生物污染的物品、场所和动物体等进行的消毒（预防性消毒），可以预防和控制新传染病的发生和流行。同时，一旦发现新的传染病，要立即对病鸭的分泌物、排泄物、污染物、胴体、血污、居留场所、生产车间以及与病鸭及其产品接触过的工具、饲槽以及工作人员的刀具、工作服、手套、胶鞋、病鸭通过的道路等进行消毒（疫源地消毒），以阻止病原微生物的扩散，切断其传播途径。

6. 维护公共安全和人类健康

养殖业给人类提供了大量优质的高蛋白食品，但养殖环境不卫生，病原微生物种类多、含量高，不仅能引起禽群发生传染病，而且直接影响到禽产品的质量，从而危害人的健康。从社会预防医学和公共卫生学的角度来看，兽医消毒工作在防止和减少人禽共患传染病的发生和蔓延中发挥着重要的作用，是人类环境卫生、身体健康的重要保障。通过全面彻底的消毒，可以阻止人禽共患病的流行，减少对人类健康的危害。

三、消毒的分类

（一）按消毒目的分

根据消毒的目的不同，可分为疫源地消毒、预防性消毒。

1. 疫源地消毒

指有传染源（病鸭或病原携带者）存在的地区，进行消毒，以免病原体外传。疫源地消毒又分为随时消毒和终末消毒两种。

（1）随时消毒　是指鸭场内存在传染源的情况下开展的消毒工作，其目的是随时、迅速杀灭刚排出体外的病原微生物。当鸭群中有个别或少数鸭发生一般性疫病或有突然死亡现象时，立即对所在栏舍进行局部强化消毒，包括对发病和死亡鸭只的消毒及无害化处理，对被污染的场所和物体的立即消毒。这种情况的消毒需要多次反复地进行。

（2）终末消毒　是采用多种消毒方法对全场或部分鸭舍进行全

方位的彻底清理与消毒。当被某些烈性传染病感染的鸭群已经死亡、淘汰或痊愈，传染源已不存在，准备解除封锁前应进行大消毒。在全进全出生产系统中，当鸭群全部从栏舍中转出后，对空栏及有关生产工具要进行大消毒。春秋季节气候温暖，适宜于各种病原微生物的生长繁殖，春秋两季需常规大消毒。

2. 预防性消毒

或叫日常消毒，是指未发生传染病的安全鸭场，为防止传染病的传入，结合平时的清洁卫生工作、饲养管理工作和门卫制度对可能受病原污染的鸭舍、场地、用具、饮水等进行的消毒。主要包括以下内容。

（1）定期消毒　根据气候特点、本场生产实际，对栏舍、舍内空气、饲料仓库、道路、周围环境、消毒池、鸭群、饲料、饮水等制订具体的消毒日期，并且在规定的日期进行消毒。例如，每周一次带鸭消毒，安排在每周三下午；周围环境每月消毒一次，安排在每月初的某一晴天。

（2）生产工具消毒　食槽、水槽（饮水器）、笼具、断喙器、刺种针、注射器、针头、孵化器等用前必须消毒，每用一次必须消毒一次。

（3）人员、车辆消毒　任何人、任何车辆任何时候进入生产区均应经严格消毒。

（4）鸭只转栏前对栏舍的消毒　转栏前对准备转入鸭只的栏舍彻底清洗、消毒。

（5）术部消毒　鸭只断喙、断翅后局部必须消毒，注射部位、手术部位应该消毒。

（二）按消毒程度分

1. 高水平消毒

杀灭一切细菌繁殖体包括分枝杆菌、病毒、真菌及其孢子和绝大多数细菌芽孢。达到高水平消毒常用的方法包括采用含氯制剂、二氧化氯、邻苯二甲醛、过氧乙酸、过氧化氢、臭氧、碘酊等以及能达到灭菌效果的化学消毒剂在规定的条件下，以合适的浓度和有

效的作用时间进行消毒的方法。

2.中水平消毒

杀灭除细菌芽孢以外的各种病原微生物包括分枝杆菌。达到中水平消毒常用的方法包括采用碘类消毒剂（碘伏、氯己定碘等）、醇类和氯己定碘的复方、醇类和季铵盐类化合物的复方、酚类等消毒剂，在规定条件下，以合适的浓度和有效的作用时间进行消毒的方法。

3.低水平消毒

能杀灭细菌繁殖体（分枝杆菌除外）和亲脂类病毒的化学消毒方法以及通风换气、冲洗等机械除菌法。如采用季铵盐类消毒剂（苯扎溴铵等）、双胍类消毒剂（氯己定）等，在规定的条件下，以合适的浓度和有效的作用时间进行消毒的方法。

四、影响消毒效果的因素

消毒效果受许多因素的影响，了解和掌握这些因素，可以正确指导消毒工作，提高消毒效果；反之，处理不当，只会影响消毒效果，导致消毒失败。影响消毒效果的因素很多，概括起来主要有以下几个方面。

（一）消毒剂的种类

针对所要消毒的微生物特点，选择恰当的消毒剂很关键。如果要杀灭细菌芽孢或非囊膜病毒，则必须选用灭菌剂或高效消毒剂，也可选用物理灭菌法，才能取得可靠的消毒效果，若使用酚制剂或季铵盐类消毒剂则效果很差。季铵盐类是阳离子表面活性剂，有杀菌作用的阳离子具有亲脂性，杀革兰氏阳性菌和囊膜病毒效果较好，但对非囊膜病毒就无能为力了。龙胆紫对葡萄球菌的效果特别强。热对结核杆菌有很强的杀灭作用，但一般消毒剂对其作用要比对常见细菌繁殖体的作用差。所以为了取得理想的消毒效果，必须根据消毒对象及消毒剂本身的特点科学地进行选择，采取合适的消毒方法使其达到最佳消毒效果。

（二）消毒剂的配方

良好的配方能显著提高消毒的效果。如用70%乙醇配制季铵盐类消毒剂比用水配制穿透力强，杀菌效果更好；苯酚若制成甲苯酚的肥皂溶液就可杀死大多数繁殖体微生物；超声波和戊二醛、环氧乙烷联合应用，具有协同效应，可提高消毒效力；另外，用具有杀菌作用的溶剂，如甲醇、丙二醇等配制消毒液时，常可增强消毒效果。当然，消毒药之间也会产生拮抗作用，如酚类不宜与碱类消毒剂混合，阳离子表面活性剂不宜与阴离子表面活性剂（肥皂等）及碱类物质混合，它们彼此会发生中和反应，产生不溶性物质，从而降低消毒效果。次氯酸盐和过氧乙酸会被硫代硫酸钠中和。因此，消毒药不能随意混合使用，但可考虑选择几种产品轮换使用。

（三）消毒剂的浓度

任何一种消毒药的消毒效果都取决于其与微生物接触的有效浓度，同一种消毒剂的浓度不同，其消毒效果也不一样。大多数消毒剂的消毒效果与其浓度成正比，但也有些消毒剂的消毒效果与其浓度成反比，随着浓度的增大消毒效果反而下降。各种消毒剂受浓度影响的程度不同。每一消毒剂都有它的最低有效浓度，要选择有效而又对人畜安全并对设备无腐蚀的杀菌浓度。消毒液浓度并不是越高越好，浓度过高，一是浪费，二会腐蚀设备，三还可能对鸭造成危害。另外，有些消毒药浓度过高反而会使消毒效果下降，如酒精在75%时消毒效果最好。消毒液用量方面，在喷雾消毒时按每立方米空间30毫升为宜，太大会导致舍内过湿，用量小又达不到消毒效果。一般应灵活掌握，在鸭群发病、育雏前期、温暖天气等情况下应适当加大用量，而天气冷、肉鸭育雏后期用量应减少。

（四）作用时间

消毒剂接触微生物后，要经过一定时间后才能杀死病原，只有少数能立即产生消毒作用，所以要保证消毒剂有一定的作用时间。消毒剂与微生物接触时间越长消毒效果越好，接触时间太短往往达不到消毒效果。被消毒物上微生物数量越多，完全灭菌所需时间越长。此外，大部分消毒剂在干燥后就失去消毒作用，溶液型消毒剂在溶液中才能有效地发挥作用。

（五）温度

一般情况下，消毒液温度高，药物的渗透能力也会增强，消毒效果可加大，消毒所需要的时间也可以缩短。实验证明，消毒液温度每提高 $10℃$，杀菌效力增加 1 倍，但配制消毒液的水温不超过 $45℃$ 为好。一般温度按等差级数增加，则消毒剂杀菌效果按几何级数增加。许多消毒剂在温度低时，反应速度缓慢，影响消毒效果，甚至不能发挥消毒作用。如福尔马林在室温 $15℃$ 以下用于消毒时，即使使用其有效浓度，也不能达到很好的消毒效果，但室温在 $20℃$ 以上时，则消毒效果很好。因此，在熏蒸消毒时，需将舍温提高到 $20℃$ 以上，才有较好的效果。

（六）湿度

湿度对许多气体消毒剂的作用有显著影响。这种影响来自两方面：一是消毒对象的湿度，它直接影响微生物的含水量。如用环氧乙烷消毒时，细菌含水量太多，则需要延长消毒时间；细菌含水量太少，消毒效果亦明显降低。二是消毒环境的相对湿度。每种气体消毒剂都有其适宜的相对湿度范围，如甲醛以相对湿度大于 60% 为宜，用过氧乙酸消毒时要求相对湿度不低于 40%，以 $60\%\sim80\%$ 为宜；熏蒸消毒时需将舍内湿度提高到 $60\%\sim70\%$，才有效果。直接喷洒消毒剂干粉处理地面时，需要有较高的相对湿度，使药物潮解后才能发挥作用，如生石灰单独用于消毒是无效的，须洒上水或制成石灰乳等。而紫外线消毒时，相对湿度增高，反而影响穿透力，不利于消毒处理。

（七）酸碱度（pH）

pH 值可从两方面影响消毒效果：一是对消毒的作用，pH 值变化可改变其溶解度、离解度和分子结构；二是对微生物的影响，病原微生物的适宜 pH 值在 6~8，过高或过低的 pH 值有利于杀灭病原微生物。酚类、交氯酸等是以非离解形式起杀菌作用，所以在酸性环境中杀灭微生物的作用较强，碱性环境就差。在偏碱性时，细菌带负电荷多，有利于阳离子型消毒剂作用；而对阴离子消毒剂来说，酸性条件下消毒效果更好些。新型的消毒剂常含有缓冲剂等成分，可以减少 pH 值对消毒效果的直接影响。

（八）表面活性和稀释用水的水质

非离子表面活性剂和大分子聚合物可以降低季铵盐类消毒剂的作用；阴离子表面活性剂会影响季铵盐类的消毒作用。因此在用表面活性剂消毒时应格外小心。由于水中金属离子（如 Ca^{2+} 和 Mg^{2+}）对消毒效果也有影响，所以，在稀释消毒剂时，必须考虑稀释用水的硬度问题。如季铵盐类消毒剂在硬水环境中消毒效果不好，最好选用蒸馏水进行稀释。一种好的消毒剂应该能耐受各种不同的水质，不管是硬水还是软水，消毒效果都不受什么影响。

（九）污物、残料和有机物的存在

灰尘、残料等都会影响消毒液的消毒效果，尤其在进雏前消毒育雏用具时，一定要先清洗再消毒，不能清洗消毒一步完成，否则污物或残料会严重影响消毒效果，使消毒不彻底。

消毒现场通常会遇到各种有机物，如血液、血清、培养基成分、分泌物、脓液、饲料残渣、泥土及粪便等，这些有机物的存在会严重干扰消毒剂消毒效果。因为有机物覆盖在病原微生物表面，妨碍消毒剂与病原直接接触而延迟消毒反应，以至于对病原杀不死、杀不全。部分有机物可与消毒剂发生反应生成溶解度更低或杀菌能力更弱的物质，甚至产生的不溶性物质反过来与其他组分一起对病原微生物起到机械保护作用，阻碍消毒过程的顺利进行。同时有机物消耗部分消毒剂，降低了对病原微生物的作用浓度。如蛋白质能消耗大量的酸性或碱性消毒剂；阳离子表面活性剂等易被脂肪、磷酯类有机物所溶解吸收。因此，在消毒前要先清洁再消毒。当然各种消毒剂受有机物影响程度有所不同。在有机物存在的情况下，氯制剂消毒效果显著降低；季铵盐类、过氧化物类等消毒作用也明显地受有机物影响；但烷基化类、戊二醛类及碘伏类消毒剂则受有机物影响就小些。对大多数消毒剂来说，当有有机物影响时，需要适当加大处理剂量或延长作用时间。

（十）微生物的类型和数量

不同类型的微生物对消毒剂的敏感性不同，而且每种消毒剂有各自的特点，因此消毒时应根据具体情况科学地选用消毒剂。

为便于消毒工作的进行，往往将病原微生物对杀菌因子抗力分为若干级，以作为选择消毒方法的依据。过去，在致病微生物中多以细菌芽孢的抗力最强，分枝杆菌其次，细菌繁殖体最弱。但根据近年来对微生物抗力的研究，微生物对化学因子抗力的排序依次为：感染性蛋白因子（牛海绵状脑病病原体）、细菌芽孢（炭疽杆菌、梭状芽孢杆菌、枯草芽孢杆菌等）、分枝杆菌（结核杆菌）、革兰氏阴性菌（大肠杆菌、沙门氏菌等）、真菌（念珠菌、曲霉菌等）、无囊膜病毒（亲水病毒）或小型病毒（传染性法氏囊病毒、腺病毒等）、革兰氏阳性菌繁殖体（金黄色葡萄球菌、绿脓杆菌等）、囊膜病毒（亲脂病毒等）或中型病毒（新城疫病毒、禽流感病毒等）。其中，抗力最强的不再是细菌芽孢，而是最小的感染性蛋白因子（朊粒）。因此，在选择消毒剂时，应根据这些新的排序加以考虑。

目前所知，对感染性蛋白因子（朊粒）的灭活只有3种方法效果较好：一是长时间的压力蒸汽处理，132℃（下排气），30分钟或134~138℃（预真空），18分钟；二是浸泡于1摩尔/升氢氧化钠溶液作用15分钟，或含8.25%有效氯的次氯酸钠溶液作用30分钟；三是先浸泡于1摩尔/升氢氧化钠溶液内作用1小时后以121℃压力蒸汽，处理60分钟。杀芽孢类消毒剂目前公认的主要有戊二醛、甲醛、环氧乙烷及氯制剂和碘伏等。苯酚类制剂、阳离子表面活性剂、季铵盐类等消毒剂对畜禽常见囊膜病毒有很好的消毒效果，但其对无囊膜病毒的效果就很差；无囊膜病毒必须用碱类、过氧化物类、醛类、氯制剂和碘伏类等高效消毒剂才能确保有效杀灭。

消毒对象的病原微生物污染数量越多，则消毒越困难。因此，对严重污染物品或高危区域，如孵化室及伤口等破损处应加强消毒，加大消毒剂的用量，延长消毒剂作用时间，并适当增加消毒次数，这样才能达到良好的消毒效果。

五、消毒过程中存在的误区

养鸭户在消毒过程中存在许多误区，致使消毒达不到理想效果。常见消毒误区主要表现在以下几点。

（一）不发疫病不消毒

消毒的主要目的是杀灭传染源的病原体。传染病的发生要有三个基本条件：传染源、传播途径和易感动物。在家禽养殖中，有时没有看到疫病发生，但外界环境已存在传染源，传染源会排出病原体。如果此时没有采取严密的消毒措施，病原体就会通过空气、饲料、饮水等传播途径，入侵易感家禽，引起疫病发生。如果此时仍没有及时采取严密有效的消毒措施，净化环境，环境中的病原体越积越多，达到一定程度时，就会引起疫病蔓延流行，造成严重的经济损失。

因此，家禽消毒一定要及时有效。具体要注意以下 3 个环节：禽舍内消毒、舍外环境消毒和饮水消毒。家禽消毒每周不少于 3 次，环境消毒每周 1 次，饮水始终要进行消毒并保证清洁。

（二）消毒后就不会发生传染病

这种想法是错误的。因为虽然经过消毒，但并不一定就能收到彻底杀灭病原体的效果，这与选用的消毒剂及消毒方式等因素有关。有许多消毒方法存在着消毒盲区，况且许多病原体都可以通过空气、飞禽、老鼠等多种传播媒介进行传播，即使采取严密的消毒措施，也很难全部切断传播途径。因此，家禽养殖除了进行严密的消毒外，还要结合养殖情况及疫病发生和流行规律，有针对性地进行免疫接种，以确保家禽安全。

（三）消毒剂气味越浓效果越好

消毒剂效果的好坏，不简单地取决于气味。有许多好的消毒剂，如双链季铵盐类、复合碘类消毒剂，就没有什么气味，但其消毒效果却特别好。因此，选择和使用消毒剂不要看气味浓淡，而要看其消毒效果，是否存在消毒盲区。

（四）长期单一使用同一类消毒剂

长期单一使用同一种类的消毒剂，会使细菌、病毒等产生耐药性，给以后杀灭细菌、病毒增加难度。因此，家禽养殖户最好是将几种不同类型、种类的消毒剂交替使用，以提高消毒效果。

同时，消毒液的选用过于单一，无针对性。不同的消毒液对不同的病原体敏感性是不一样的，一般病毒对含碘、溴、过氧乙酸的消毒液比较敏感，细菌对含双链季铵盐类的消毒液比较敏感。所以，在病毒多发的季节或鸭生长阶段（如冬春、肉鸭 30 日龄以后）应多用含碘、含溴的消毒液，而细菌病高发时（如夏季、肉鸭 30 日龄以前）应多用含双链季铵盐类的消毒液。

（五）消毒不全面

一般情况下对鸭的消毒方法有 3 种，即带鸭（喷雾）消毒、饮水消毒和环境消毒。这 3 种消毒方法可分别切断不同病原的传播途径，相互不能代替。带鸭消毒可杀灭空气中、禽体表、地面及屋顶墙壁等处的病原体，对预防鸭呼吸道疾病很有意义，还具有降低舍内氨气浓度和防暑降温的作用；饮水消毒可杀灭鸭饮用水中的病原体并净化肠道，对预防鸭肠道病很有意义；环境消毒包括对禽场地面、门口过道及运输车（料车、粪车）等的消毒。很多养殖户认为，经常给鸭饮消毒液，鸭就不会得病。这是错误的认识，饮水消毒操作方法科学合理，可减少鸭肠道病的发生，但对呼吸道疾病无预防作用，必须通过带鸭消毒来实现。因此，只有用上述 3 种方法共同给鸭消毒，才能达到消毒目的。

（六）消毒不接续

消毒是一项连续的防病工作，因此时间最好不间断。带鸭消毒和饮水消毒的时间间隔如下。

带鸭消毒：育雏期一般第 3 周以后才可带鸭消毒（过早不但影响舍温，而且如果头两周防疫做得不周密，会影响早期防疫），最少每周消毒 1 次，最好 2~3 天消毒 1 次；育成期宜 4~5 天消毒 1次；产蛋期宜 1 周消毒 1 次；发生疫情时每天消毒 1 次。疫苗接种前后 2~3 天不可带鸭消毒。

饮水消毒：育雏期最好第3周以后开始饮水消毒（过早不利雏鸭肠道菌群平衡的建立，而且影响早期防疫）。饮水消毒有两方面含义：第一，对饮水进行消毒，可防止通过饮水传播疾病。这样的消毒一般使用卤素类消毒液，如漂白粉、氯制剂等，使用氯制剂时，应使有效氯浓度达3毫克/千克，或按消毒液说明书上要求的饮水消毒的浓度比的上限来配制，这样浓度的消毒水可连续饮用。第二，净化肠道，一般每周饮1~2次，每次2~3小时即可，浓度按照消毒液说明书上要求的饮水消毒浓度比的下限来配制，（如标"饮水消毒1：1 000~2 000"，可用1：1 000来净化肠道，每周饮1~2次；用1：2 000来对饮水进行消毒，可连续饮用）。防疫前后3天、防疫当天（共7天）及用药时，不可进行饮水消毒。

（七）消毒前不做机械性清除

要发挥消毒药物的作用，必须使药物直接接触到病原微生物，但被消毒的现场会存在大量的有机物，如粪便、饲料残渣、畜禽分泌物、体表脱落物，以及鼠粪、污水或其他污物，这些有机物中藏有大量病原微生物。同时，消毒药物与有机物，尤其与蛋白质有不同程度的亲和力，可结合成为不溶性的化合物，并阻碍消毒药物作用的发挥。所以说，彻底的机械消除是有效消毒的前提。机械消除前应先将可拆卸的用具如食槽、水槽、笼具、护仔箱等拆下，运至舍外清扫、浸泡、冲洗、刷刮，并反复消毒。

舍内在拆除用具设备之后，从屋顶、墙壁、门窗，直到地面和粪池、水沟等按顺序认真打扫清除，然后用高压水冲洗直至完全干净。在打扫清除之前，最好先用消毒药物喷雾和喷洒，以免病原微生物四处飞扬和顺水流排出，扩散至相邻的畜禽舍及环境中，造成扩散污染。

（八）对消毒程序和全进全出认识不足

消毒应按一定程序进行，不可杂乱无章随心所欲。一般可按下列顺序进行：舍内从上到下（从屋顶、墙壁、门窗至地面，下同）喷洒大量消毒液→搬出和拆卸用具和设备→从上到下清扫→清除粪尿等污物→高压水充分冲洗→干燥→从上到下并空中用消毒药液喷雾，雾粒应细，部分雾料可在空中停留 15 分钟左右→干燥→换另一种类型消毒药物喷雾→装调试→密闭门窗后用甲醛熏蒸，必要时用 20% 石灰浆涂墙，高约 2 米→将已消毒好的设备及用具搬进舍内安装调试→密闭门窗后用甲醛熏蒸，必要时 3 天后再用过氧乙酸熏蒸一次→封闭空舍 7~15 天，才可认为消毒程序完成。如急用时，在熏蒸后 24 小时，打开门窗通风 24 小时后使用。有的对全进全出的要求不甚了解，往往在清舍消毒时，将转群或出栏时剩余的数头（只）生长落后或有病无法转出的畜禽留在原舍内，可以认为，在原舍内存留 1 头（只）畜禽，都不能认为做到了全进全出。

（九）不能正确使用石灰消毒

石灰是具有消毒力好，无不良气味，价廉易得，无污染的消毒药，但往往使用不当。新出窑的生石灰是氧化钙，加入相当于生石灰重量 70%~100% 的水，即生成疏松的熟石灰，也即氢氧化钙，只有这种离解出的氢氧根离子具有杀菌作用。有的场、户在入场或畜禽入口池中，堆放厚厚的干石灰，让鞋踏而过，这起不到消毒作用。也有的用放置时间过久的熟石灰做消毒用，但它已吸收了空气中的二氧化碳，成了没有氢氧根离子的碳酸钙，已完全丧失了杀菌消毒作用，所以也不能使用。还有将石灰粉直接撒在舍内地面上一层，或上面再铺上一薄层垫料，这样常造成雏禽或幼仔的蹄爪灼伤，或因啄食灼伤口腔及消化道。有的将石灰直接撒在鸭笼下或圈舍内，致使石灰粉尘大量飞扬，必定会使畜禽吸入呼吸道内，引起咳嗽、打喷嚏、甩鼻、呼噜等一系列症状，人为地造成一次呼吸道炎症。使用石灰消毒最好的方法是加水配制成 10%~20% 的石灰乳，用于涂刷畜禽舍墙壁 1~2 次，称为"涂白覆盖"，既可消毒灭菌，又有覆盖污斑、涂白美观的作用。

（十）饮水消毒有误区

许多消毒药物，按其说明书称，可用于鸭的饮水消毒并称"高效、广谱、对人鸭无害"，更有称"可 100% 杀灭某某菌及某某病，用于饮水或拌料内服，在 1~3 天可扑灭某某病"等等，这显然是一种夸大其词以致误导。饮水消毒实际是对饮水的消毒，鸭喝的是经过消毒的水，而不是喝的消毒药水。饮水消毒实际是把饮水中的微生物杀灭或控制鸭体内的病原微生物。如果任意加大水中消毒药物的浓度或长期饮用，除可引起急性中毒外，还可杀死或抑制肠道内的正常菌群，对鸭的健康造成危害。所以饮水消毒应该是预防性的，而不是治疗性的。在临床上常见的饮水消毒剂多为氯制剂、季铵盐类和碘制剂，中毒原因往往是浓度过高或使用时间过长。中毒后多见胃肠道炎症并积有黏液、腹泻，以及不同程度的死亡，产蛋鸭造成产蛋率下降。还有按某些资料，给雏鸭用 0.1％ 高锰酸钾饮水，结果造成口腔及上消化道黏膜被腐蚀，往往造成雏鸭较多的死亡。

第二节　常用消毒设备

根据消毒方法、消毒性质不同，消毒设备也有所不同。消毒工作中，由于消毒方法的种类很多，要根据具体消毒对象的特点和消毒要求以及选择适当的消毒剂外，还有了解消毒时采用的设备是否适当，以及操作中的注意事项等。同时还需注意，无论采取哪种消毒方式，都要做好消毒人员的自身防护。

常用消毒设备可分为物理消毒设备、化学消毒设备和生物消毒设备。

一、物理消毒常用设备

物理消毒灭菌技术在动物养殖和生产中具有独特的特点和优势。物理消毒灭菌一般不改变被消毒物品的形状与原有组分，能保持饲料和食物固有的营养价值；不产生有毒有害物质残留，不会造成被消毒灭菌物品的二次污染；一般不影响被消毒物品的形状；对周围环境的影响较小。但是，大多数无力消毒灭菌技术往往操作比较复杂，需要大量的机械设备，而且成本较高。

养鸭场物理消毒主要有紫外线照射、机械清扫、洗刷、通风换气、干燥、煮沸、蒸汽、火焰焚烧等。依照消毒的对象、环节等，

需要配备相应的消毒设备。

（一）机械清扫、冲洗设备

机械清扫、冲洗设备主要是高压清洗机，是通过动力装置使高压柱塞泵产生高压水来冲洗物体表面的机器。它能将污垢剥离，冲走，达到清洗物体表面的目的。因为是使用高压水柱清理污垢，所以高压清洗也是世界公认最科学、经济、环保的清洁方式之一。主要用途是冲洗养殖场场地、畜禽圈舍建筑、养殖场设施设备、车辆和喷洒药剂等。

1. 分类

按驱动引擎来分，电机驱动高压清洗机、汽油机驱动高压清洗机和柴油驱动清洗机三大类。顾名思义，这3种清洗机都配有高压泵，不同的是它们分别采用与电机、汽油机或柴油机相连，由此驱动高压泵运作。汽油机驱动高压清洗机和柴油驱动清洗机的优势在于他们不需要电源就可以在野外作业。

按用途来分，家用、商用和工业用三大类。第一，家用高压清洗机，一般压力、流量和寿命比较低一些（一般100小时以内），追求携带轻便、移动灵活、操作简单。第二，商用高压清洗机，对参数的要求更高，且使用次数频繁，使用时间长，所以一般寿命比较长。第三，工业用高压清洗机，除了一般的要求外，往往还会有一些特殊要求，水切割就是一个很好的例子。

2. 产品原理

水的冲击力大于污垢与物体表面附着力，高压水就会将污垢剥离，冲走，达到清洗物体表面的一种清洗设备。因为是使用高压水柱清理污垢，除非是很顽固的油渍才需要加入一点清洁剂，不然强力水压所产生的泡沫就足以将一般污垢带走。

3. 故障排除

清洗机使用过程中，难免出现故障。出现问题时，应根据不同故障现象，仔细查找原因。

（1）喷枪不喷水　入水口、进水滤清器堵塞；喷嘴堵塞；加热螺旋管堵塞，必要时清除水垢。

（2）出水压力不稳　供水不足；管路破裂、清洁剂吸嘴未插入清洁剂中等原因造成空气吸入管路；喷嘴磨损；高压水泵密封漏水。

（3）燃烧器不点火燃烧　进风量不足，冒白烟；燃油滤清器、燃油泵、燃油喷嘴脏物堵塞；电磁阀损坏；点火电极位置变化，火花太弱；高压点火线圈损坏；压力开关损害。

高温高压清洗机出现以上问题，用户可自己查找原因，排除故障。但清洗机若出现泵体漏水、曲轴箱漏油等比较严重的故障时，应将清洗机送到配件齐全、技术力量较强的专业维修部门修理，以免造成不必要的经济损失。

4. 保养方法

每次操作之后，冲洗接入清洁剂的软管和过滤器，去除任何洗涤剂的残留物以助于防止腐蚀；关断连接到高压清洗机上的供水系统；扣动喷枪杆上的扳机可以将软管里全部压力释放掉；从高压清洗机上卸下橡胶软管和高压软管；切断火花塞的连接导线以确保发动机不会启动（适用于发动机型）。

（1）电动型　将电源开关转到"开"和"关"的位置四到五次，每次1~3秒，以清除泵里的水。这一步骤将有助于保护泵免受损坏。

（2）发动机型　缓慢地拉动发动机的启动绳5次来清除泵里的水。这一步骤将有助于保护泵免受损坏。

（3）定期维护　每2个月维护一次。燃料的沉淀物会导致对燃料管道，燃料过滤器和化油器的损坏，定期从贮油箱里清除燃料沉淀物将延长发动机的使用寿命和性能。泵的防护套件是特别用来保护高压清洗机防止受腐蚀、过早磨损和冻结等，当不使用高压清洗机时，要用防护套件来保护高压清洗机，并且要给阀和密封圈涂上润滑剂，防止它们卡住。

对电动型，关闭高压清洗机；将高压软管和喷枪杆与泵断开连接；将阀接在泵防护罐上并打开阀；启动打开清洗机；将罐中所有物质吸入泵里；关闭清洗机，高压清洗机可以直接贮存。

对发动机型，关闭高压清洗机；将高压软管和喷枪杆与泵断开连接；将阀接在泵防护罐上并打开阀；点火，拉动启动绳；将罐中所有物质吸入泵里；高压清洗机可以直接贮存。

（4）注意事项　当操作高压清洗机时：需始终戴适当的护目镜、手套和面具；始终保持手和脚不接触清洗喷嘴；经常要检查所有的电接头；经常检查所有的液体；经常检查软管是否有裂缝和泄漏处；当未使用喷枪时，总是需将设置扳机处于安全锁定状态；总是尽可能地使用最低压力来工作，但这个压力要能足以完成工作；在断开软管连接之前，总是要先释放掉清洗机里的压力；每次使用后总是要排干净软管里的水；绝不要将喷枪对着自己或其他人；在检查所有软管接头都已在原位锁定之前，绝不要启动设备；在接通供应水并让适当的水流过喷枪杆之前，绝不要启动设备。然后将所需要的清洗喷嘴连接到喷枪杆上。

注意，不要让高压清洗机在运转过程中处于无人监管的状态。每次当你释放扳机时泵将运转在旁路模式下。如果一个泵已经在旁路模式下运转了较长时间后，泵里循环水的过高温度将缩短泵的使用寿命甚至损坏泵。所以，应避免使设备长时间运行在旁路模式。

（二）紫外线灯

紫外线是一种低能量电磁波，具有较好的杀菌作用。几种化学消毒剂灭活微生物需要较长的时间，而紫外线消毒仅需几秒钟即可达到同样的灭活效果，而且运行操作简便，其基建投资及运行费用也低于其他几种化学消毒方法，因此被广泛应用于畜禽养殖场消毒。

1. 紫外线的消毒原理

利用紫外线照射，使菌体蛋白发生光解、变性，菌体的氨基酸、核酸、酶遭到破坏死亡。同时紫外线通过空气时，使空气中的氧电离产生臭氧，加强了杀菌作用。

2. 紫外线的消毒方法

紫外线多用于空气及物体表面的消毒，波长 2 573 埃（1 埃 =10^{-10} 米）。用于空气消毒，有效距离不超过 2 米，照射时间 30~60 分钟，用于物品消毒，有效距离在 25~60 厘米，照射时间

20~30 分钟，从灯亮 5~7 分钟开始计时（灯亮需要预热一定时间，才能使空气中的氧电离产生臭氧）。

3. 紫外线的消毒措施

① 对空气消毒均采用的是紫外线照射，因此首先必须保证灯管的完好无损和正确使用，保持灯管洁净。灯管表面每隔 1~2 周应用酒精棉球轻拭一次，除去灰尘和油垢，以减少影响紫外线穿透力的因素。

② 灯管要轻拿轻放，关灯后立即开灯，则会减少灯管寿命，应冷却 3~4 分钟后再开，可以连续使用 4 小时，但通风散热要好，以保持灯管寿命。

③ 应随时保持消毒室的清洁干燥，每天用消毒液浸泡后的专用抹布擦拭消毒室。用专用拖布拖地。

④ 规范紫外线灯日常监测登记项目，必须做到分室、分盏进行登记，登记本中设灯管启用日期、每天消毒时间、累计时间、执行者签名、强度监测登记，要求消毒后认真记录，使执行与记录保持一致。

⑤ 空气消毒时，打开所有的柜门、抽屉等，以保证消毒室所有空间的充分暴露，都得到紫外线的照射，消毒尽量无死角。

⑥ 在进行紫外线消毒的时候，还要注意保护好眼睛和皮肤，因为紫外线会损伤角膜的上皮和皮肤的上皮。在进行紫外线消毒的时候，最好不要进入正在消毒的房间。如果必须进入，最好戴上防紫外线的护目镜。

4. 使用紫外线消毒灯应注意事项

养殖场运用紫外线灯消毒可用于对工作服、鞋、帽和出入人员的消毒，以及不便于用化学消毒药消毒的物品。人员进场采取紫外线消毒时，消毒时间不能过长，以每次消毒 5 分钟为宜。不能让紫外线直接长期照射人体表和眼睛。

（三）干热灭菌设备

干热灭菌法是热力消毒和灭菌常用的方法之一，它包括焚烧、烧灼和热空气法。

焚烧是用于传染病畜禽尸体、病畜垫草、病料以及污染的杂草、地面等的灭菌，可直接点燃或在炉内焚烧；烧灼是直接用火焰进行灭菌，适用于微生物实验室的接种针、接种环、试管口、玻璃片等耐热器材的灭菌；热空气法是利用干热空气进行灭菌，主要用于各种耐热玻璃器皿，如试管、吸管、烧瓶及培养皿等实验器材的灭菌。这种灭菌法是在一种特制的电热干燥器内进行的。由于干热的穿透力低，因此，箱内温度上升到160℃后，保持2小时才可保证杀死所有的细菌及其芽孢。

1. 干热灭菌器

（1）构造 干热灭菌器也就是烤箱，是由双层铁板制成的方形金属箱，外壁内层装有隔热的石棉板。箱底下放置大型火炉，或在箱壁中装置电热线圈。内壁上有数个孔，供流通空气用。箱前有铁门及玻璃门，箱内有金属箱板架数层。电热烤箱的前下方装有温度调节器，可以保持所需的温度。

（2）干热灭菌器的使用方法 将培养皿、吸管、试管等玻璃器材包装后放入箱内，闭门加热。当温度上升至160~170℃时，保持温度2小时，到达时间后，停止加热，待温度自然下降至40℃以下，方可开门取物。否则冷空气突然进入，易引起玻璃炸裂，且热空气外溢，往往会灼伤取物者的皮肤。一般吸管、试管、培养皿、凡士林、液体石蜡等均可用本法灭菌。

2. 火焰灭菌设备

火焰灭菌法是指用火焰直接烧灼的灭菌方法。该方法灭菌迅速、可靠、简便，适合于耐火焰材料（如金属、玻璃及瓷器等）物品与用具的灭菌，不适合药品的灭菌。

所用的设备包括火焰专用型和喷雾火焰兼用型两种。专用型特点是使用轻便，适用于大型机种无法操作的地方；便于携带，适用于室内外和小、中型面积处，方便快捷；操作容易，打气、按电门，即可发动，按气门钮，即可停止；全部采用不锈钢材料，机件坚固耐用。兼用型除上述特点外，还具有以下特点：一是节省药剂，可根据被使用的场所和目的不同，用旋转式药剂开关来调节药量；二是节省人工费，用1台烟雾消毒器能达到10台手压式喷雾器的作业效率；三是消毒彻底，消毒器喷出的直径5~30微米的小粒子形成雾状浸透在每个角落，可达到最大的消毒效果。

（四）湿热灭菌设备

湿热灭菌法是热力消毒和灭菌的一种常用方法。包括煮沸消毒法、流通蒸汽消毒法和高压蒸汽灭菌法。

1. 消毒锅

消毒锅用于煮沸消毒，适用于一般器械如刀剪、注射器等金属和玻璃制品及棉织品等的消毒。这种方法简单、实用、杀菌能力比较强，效果可靠，是最古老的消毒方法之一。消毒锅一般使用金属容器，煮沸消毒时要求水沸腾后5~15分钟，一般水温能达到100℃，细菌繁殖体、真菌、病毒等可立即死亡。而细菌芽孢需要的时间比较长，要15~30分钟，有的要几个小时才能杀灭。

煮沸消毒时，要注意以下几个问题。

① 煮沸消毒前，应将物品洗净。易损坏的物品用纱布包好再放入水中，以免沸腾时互相碰撞。不透水物品应垂直放置，以利水的对流。水面应高于物品。消毒器应加盖。

② 消毒时，应自水沸腾后开始计算时间，一般需15~20分钟（各种器械煮沸消毒时间见表1-1）对注射器或手术器械灭菌时，应煮沸30~40分钟。加入2%碳酸钠，可防锈，并可提高沸点（水中加入1%碳酸钠，沸点可达105℃），加速微生物死亡。

表1-1　各种器械煮沸消毒参考时间

消毒对象	消毒参考时间（分钟）
玻璃类器材	20~30
橡胶类及电木类器材	5~10
金属类及搪瓷类器材	5~15
接触过传染病料的器材	>30

③ 对棉织品煮沸消毒时，一次放置的物品不宜过多　煮沸时

应略加搅拌，以助水的对流。物品加入较多时，煮沸时间应延长到30分钟以上。

④ 消毒时，物品间勿贮留气泡，勿放入能增加黏稠度的物质。消毒过程中，水应保持连续煮沸，中途不得加入新的污染物品，否则消毒时间应从水再次沸腾后重新计算。

⑤ 消毒时，物品因无外包装，事后取出和放置时慎防再污染。对已灭菌的无包装医疗器材，取用和保存时应严格按无菌操作要求进行。

2. 高压蒸汽灭菌器

（1）高压蒸汽灭菌器的结构　是一个双层的金属圆筒，两层之间盛水，外层坚固厚实，其上方有金属厚盖，盖旁附有螺旋，借以紧闭盖门，使蒸汽不能外溢，因而蒸汽压力升高，随着其温度亦相应地增高。

高压蒸汽灭菌器上装有排气阀门、安全活塞，以调节蒸汽压力。有温度计及压力表，以表示内部的温度和压力。灭菌器内装有带孔的金属搁板，用以放置要灭菌物体。

（2）高压蒸汽灭菌器的使用方法　加水至外筒内，被灭菌物品放入内筒。盖上灭菌器盖，拧紧螺旋使之密闭。灭菌器下用煤气或电炉等加热，同时打开排气阀门，排净其中冷空气，否则压力表上所示压力并非全部是蒸汽压力，灭菌将不完全。

待冷空气全部排出后（即水蒸气从排气阀中连续排出时），关闭排气阀。继续加热，待压力表渐渐升至所需压力时（一般是101.53千帕，温度为121.3℃），调解炉火，保持压力和温度（注意压力不要过大，以免发生意外），维持 15~30 分钟。灭菌时间到达后，停止加热，待压力降至零时，慢慢打开排气阀，排除余气，开盖取物。切不可在压力尚未降低为零时突然打开排气阀门，以免灭菌器中液体喷出。

高压蒸汽灭菌法为湿热灭菌法，其优点有三：一湿热灭菌时菌体蛋白容易变性；二湿热穿透力强；三蒸气变成水时可放出大量热，增强杀菌效果。因此，它是效果最好的灭菌方法。凡耐高温和潮湿的物品，如培养基、生理盐水、衣服、纱布、棉花、敷料、玻璃器材、传染性污物等都可应用本法灭菌。

目前出现的便携式全自动电热高压蒸汽灭菌器，操作简单，使用安全。

3. 流通蒸汽灭菌器

流通蒸汽消毒设备的种类很多，比较理想的是流通蒸汽灭菌器。

流通蒸汽灭菌器由蒸汽发生器、蒸汽回流、消毒室和支架等构成。蒸汽由底部进入消毒室，经回流罩再返回到蒸汽发生器内，这种蒸汽消耗少，只需维持较小火力即可。

流通蒸汽消毒时，消毒时间应从水沸腾后有蒸汽冒出时算起，消毒时间同煮沸法，消毒物品包装不宜过大、过紧，吸水物品不要浸湿后放入。因在常压下，蒸汽温度只能达到100℃，维持30分钟只能杀死细菌的繁殖体，但不能杀死细菌芽孢和霉菌孢子，所以有时必须使用间歇灭菌法，即用蒸汽灭菌器或用蒸笼加热至约100℃维持30分钟，每天进行1次，连续3天。每天消毒完后都必须将被灭菌的物品取出放在室温或37℃温箱中过夜，提供芽孢发芽所需的条件。对不具备芽孢发芽条件的物品不能用此法灭菌。

（五）除菌滤器

除菌滤器简称滤菌器。种类很多，孔径非常小，能阻挡细菌通过。它们可用陶瓷、硅藻土、石棉或玻璃屑等制成。下面介绍几种常用的滤菌器。

1. 滤菌器构造

（1）赛氏滤菌器 由3部分组成。上部的金属圆筒，用以盛装将要滤过的液体；下部的金属托盘及漏斗，用以接受滤出的液体；上下两部分中间放石棉滤板，滤板按孔径大小可分为3种：K滤孔最大，供澄清液体之用；EK滤孔较小，供滤过除菌；EK-S滤孔更小，可阻止一部分较大的病毒通过。滤板依靠侧面附带的紧固螺旋拧紧固定。

（2）玻璃滤菌器 由玻璃制成。滤板采用细玻璃砂在一定高

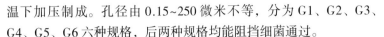

温下加压制成。孔径由 0.15~250 微米不等，分为 G1、G2、G3、G4、G5、G6 六种规格，后两种规格均能阻挡细菌通过。

（3）薄膜滤菌器　由塑料制成。滤菌器薄膜采用优质纤维滤纸，用一定工艺加压制成。孔径：200 纳米，能阻挡细菌通过。

2. 滤菌器用法

将清洁的滤菌器（赛氏滤菌器和薄膜滤菌器须先将石棉板或滤菌薄膜放好，拧牢螺旋）和滤瓶分别用纸或布包装好，用高压蒸汽灭菌器灭菌。再以无菌操作把滤菌器与滤瓶装好，并使滤瓶的侧管与缓冲瓶相连，再使缓冲瓶与抽气机相连。将待滤液体倒入滤菌器内，开动抽气机使滤瓶中压力减低，滤液则徐徐流入滤瓶中。滤毕，迅速按无菌操作将滤瓶中的滤液放到无菌容器内保存。滤器经高压灭菌后，洗净备用。

3. 滤菌器用途

用于除去混杂在不耐热液体（如血清、腹水、糖溶液、某些药物等）中的细菌。

（六）电子消毒器

1. 电离辐射

电离辐射是利用 γ 射线、伦琴射线或电子辐射能穿透物品，杀死其中的微生物的低温灭菌方法，统称为电离辐射。电离辐射是低温灭菌，不发生热的交换、压力差别和扩散层干扰，所以，适用于怕热的灭菌物品，具有优于化学消毒、热力消毒等其他消毒灭菌方法的许多优点，也是在养殖业应用广泛的消毒灭菌方法。因此，早在 20 世纪 50 年代国外就开始应用，我国起步较晚，但随着国民经济的发展和科学技术的进步，电离辐射灭菌技术在我国制药、食品、医疗器械及海关检验等各领域广泛应用，并将越来越受到各行各业的重视，特别是在养殖业的饲料消毒灭菌和肉蛋成品的消毒灭菌应用日益广泛。

2. 等离子体消毒灭菌技术与设备

等离子消毒灭菌技术是新一代的高科技灭菌技术，它能克服现有灭菌方法的一些局限性和不足之处，提高消毒灭菌效果。

在实际工作中，由于没有天然的等离子存在，需要人为发生，所以必须要有等离子体发生装置，即等离子发生器。它可以通过气体放电法、射线辐照法、光电离法、激光辐射法、热电离法、激波法等，使中性气体分子在强电磁场的作用下，引起碰撞解离，进而热能离子和分子相互作用，部分电子进一步获得能量，使大量原子电离，从而形成等离子体。

等离子体有很强的杀灭微生物的能力，可以杀灭各种细菌繁殖体和芽孢、病毒，也可有效地破坏致热物质，如果将某些消毒剂气化后加入等离子体腔内，可以大大增强等离子体的杀菌效果。等离子体灭菌的温度低，在室温状态下即可对处理的物品进行灭菌，因此可以对不适于高温、高压消毒的材料和物品进行灭菌处理，如塑胶、光纤、人工晶体及光学玻璃材料、不适合用微波法处理的金属物品，以及不易达到消毒效果的缝隙角落等地方。采用等离子消毒灭菌技术，能在低温下很好地达到消毒灭菌处理而不会对被处理物品造成损坏。等离子消毒灭菌技术灭菌过程短且无毒性，通常在几十分钟内即可完成灭菌消毒过程，克服了蒸汽、化学或核辐射等方法使用中的不足；切断电源后产生的各种活性粒子能够在几十毫秒内消失，所以无需通风，不会对操作人员造成伤害，安全可靠。此外，等离子体灭菌还有操作简单安全、经济实用、灭菌效果好、无环境污染等优点。

等离子体消毒灭菌作为一种新发展起来的消毒方法，在应用中也存在一些需要注意的地方。如，等离子体中的某些成分对人体是有害的，如 β 射线、γ 射线、强紫外光子等都可以引起生物体的损伤，因此在进行等离子体消毒时，要采用一定的防护措施并严格执行操作规程。此外，在进行等离子体消毒时，大部分气体都不会形成有毒物质，如氧气、氮气、氩气等都没有任何毒性物质残留，但氯气、溴、碘的蒸汽会产生对人体有害的气体残留，使用时要注意防范。

等离字体灭菌优点很多，但等离子体穿透力差，对体积大、需要内部消毒的物品消毒效果较差；设备制造难度大，成本费用高；

而且许多技术还是不够完善，有待进一步研究。

二、化学消毒常用设备

（一）喷雾器

喷洒消毒、喷雾免疫时常用的是喷雾器。喷雾器有背负式喷雾器和机动喷雾器。背负式喷雾器又有压杆式喷雾器和充电式喷雾器，使用于小面积环境消毒和带鸭消毒。机动喷雾器按其所使用的动力来划分，主要有电动（交流电或直流电）和气动两种，每种又有不同的型号，适用于鸭舍外环境和空舍消毒，在实际应用时要根据具体情况选择合适的喷雾器。

1. 喷雾器使用注意事项

（1）喷雾器消毒 固体消毒剂有残渣或溶化不全时，容易堵塞喷嘴，因此不能直接在喷雾器的容器内配制消毒剂，而是在其他容器内配制好了以后经喷雾器的过滤网装入喷雾器的容器内。压杆式喷雾器容器内药液不能装得太满，否则不易打气。配制消毒剂的水温不宜太高，否则易使喷雾器的塑料桶身变形，而且喷雾时不顺畅。使用完毕，将剩余药液倒出，用清水冲洗干净，倒置，打开一些零部件，等晾干后再装起来。

（2）喷雾器免疫 是利用气泵将空气压缩，然后通过气雾发生器使稀释疫苗形成一定大小的雾化粒子，均匀地悬浮于空气中，随呼吸进入家禽体内。要求喷出的雾滴大小符合要求，而且均一，80%以上的雾滴大小应在要求范围内。喷雾过程中要注意喷雾质量，发现问题或喷雾器出现故障，应立即停止操作，并按使用说明书操作。进行完后，要用清水洗喷雾器，让喷雾器充分干燥后，包装保存好。注意防止腐蚀，不要用去污剂或消毒剂清洗容器内部。

免疫时较合适的温度是 $15\sim25℃$，温度再低些也可进行，但一般不要在环境温度低于 $4℃$ 的情况下进行。如果环境温度高于 $25℃$ 时，雾滴会迅速蒸发而不能进入家禽的呼吸道。如果要在高于 $25℃$ 的环境中使用喷雾器进行免疫，则可以先在禽舍内喷水提高舍内空气的相对湿度后再进行。

喷雾时，房舍应密闭，关闭门、窗和通风口，减少空气流动。在喷雾完后 15~20 分钟再开启门窗。如选用直径为 59 微米以下的喷雾器时，喷雾枪口应在家禽头上方约 30 厘米处喷射，使禽体周围形成良好的雾化区，并且雾滴粒子不立即沉降，可在空间悬浮适当时间。

2. 常见故障排除

喷雾器在日常使用过程中总会遇到喷雾效果不好、开关漏水或拧不动、连接部位漏水等等故障，应正确排除。

（1）喷雾压力不足导致雾化不良　如果在喷雾时出现扳动摇杆 15 次以上，桶内气压还没有达到工作气压，应首先检查进水球阀是否被杂物搁起，导致气压不足而影响了雾化效果。可将进水阀拆下，如果有，则应用抹布擦洗干净；如果喷雾压力依然不足，则应检查气室内皮碗有无破损，如有破损，则需更换新皮碗；若因连接部位密封圈未安装或破损导致漏气，则应加装或更换密封圈。

（2）药液喷不成雾　喷头体的斜孔被污物堵塞是导致喷不成雾的最常见因素之一，可以将喷头拆下，从喷孔反向吹气，将堵塞污物清除即可；若因喷孔堵塞则可拆开清洗喷孔，但不可使用铁丝等硬物捅喷孔，防止孔眼扩大，影响喷雾质量；若因套管内滤网堵塞或过水阀小球被污物搁起，应清洗滤网及清洗搁起小球的污物。

（3）开关漏水或拧不动　若因开关帽未拧紧，应旋紧开关帽；若因开关芯上的垫圈磨损造成的漏水，应更换垫圈。开关拧不动多是因为放置较久，开关芯被药剂浸蚀而粘住，应将开关放在煤油或柴油中浸泡一段时间，然后拆下清洗干净即可。

（4）连接部位漏水　若因接头松动，应旋紧螺母；若因垫圈未放平或破损，应将垫圈放平，或更换垫圈。

（二）气雾免疫机

气雾免疫机是一种多功能设备，可用于疫苗免疫，也可用于微雾消毒、气雾施药、降温等。

1. 适用范围

可用于畜禽养殖业的疫苗免疫，微雾消毒、施药和降温，养殖

场所环境卫生消毒。

2．类型

气雾免疫机的种类有很多，有手提式、推车式，也有固定式。

3．特点

① 直流电源动力，使用方便。

② 免疫速度快，20分钟可完成万只鸭的免疫。

③ 多重功能，即免疫、消毒、降温、施药等功能于一身。

④ 压缩空气喷雾，雾粒均匀，直径在20~100微米，且可调，适用于不同鸭龄免疫。

⑤ 低噪声。

⑥ 机械免疫、施药，省时、省力、省人工。

⑦ 免疫应激小，安全系数高。

4．使用方法

① 鸭群免疫接种宜在傍晚进行，以降低鸭群发生应激反应的概率，避免阳光直射疫苗　关闭鸭舍的门窗和通风设备，减少鸭舍内的空气流动，并将鸭群圈于阴暗处。雾化器内应无消毒剂等药物残留，最好选用疫苗接种专用的器具。

② 疫苗的配制及用量。选用不含氯元素和铁元素的清洁水溶解疫苗，并在水中打开瓶盖倒出疫苗。常用的水有去离子水和蒸馏水，不能选用生理盐水等含盐类的稀释剂，以免喷出的雾粒迅速干燥致使盐类浓度升高而影响疫苗的效力。该接种法疫苗的使用量通常是其他接种法疫苗使用量的2倍，配液量应根据免疫的具体对象而定。

③ 喷雾方法。将鸭群赶到较长墙边的一侧，在鸭群顶部30~50厘米处喷雾，边喷边走，至少应往返喷雾2~3遍后才能将疫苗均匀喷完。喷雾后20分钟才能开启门窗，因为一般的喷雾雾粒大约需要20分钟才会降落至地面。

5．注意事项

① 雾化粒子的大小要适中，在喷雾前可以用定量的水试喷，掌握好最佳的喷雾速度、喷雾流量和雾化粒子大小。

② 在有慢呼吸道等疾病的鸭群中应慎用气雾免疫。

③ 注意稀释疫苗用水要洁净,建议选用纯净水,这样就可以避免水质酸碱度与矿物质元素对药物的干扰与破坏,避免了药物的地区性效果差异,冲破了地域局限性。

(三)消毒液机和次氯酸钠发生器

1. 用途

消毒液机可以现用现制,快速生产复合消毒液。适用于畜禽养殖场、屠宰场、运输车船、人员防护消毒,以及发生疫情的病原污染区的大面积消毒。消毒液机使用的原料只是食盐、水、电,操作简单,具有短时间内就可以生产出大量消毒液的能力。另外,用消毒液机电解生产的含氯消毒剂是一种无毒低刺激的高效消毒剂,不仅适用于环境消毒、带畜禽消毒,还可用于食品消毒、饮用水消毒,以及洗手消毒等防疫人员进行的自身消毒防护,对环境造成的污染很小。消毒液机的这些特点对需要进行完全彻底的防疫消毒,对人畜共患病疫区的综合性消毒防控,对减少运输、仓储、供应等环节的意外防疫漏洞具有特殊的使用优势。

2. 分类

因其科技含量不同,可分为消毒液机和次氯酸钠发生器两类。它们都是以电解食盐水来生产消毒药的设备。两类产品的显著区别在于次氯酸钠发生器是采用直流电解技术来生产次氯酸钠消毒药。消毒液机在次氯酸钠发生器的基础上采用了更为先进的电解模式BIVT 技术,生产次氯酸钠、二氧化氯复合消毒剂。其中二氧化氯高效、广谱、安全,且持续时间长,世界卫生组织 1948 年就将其列为 AI 级安全消毒剂。次氯酸钠、二氧化氯形成了协同杀菌作用,从而具有更高的杀菌效果。

3. 使用方法

(1)电解液的配制 称取食盐 500 克,一般以食用精盐为好,加碘或不加碘盐均可,放入电解桶中,向电解桶中加入 8 千克清水(在电解桶中有 8 千克水刻度线),用搅拌棒搅拌,使盐充分溶解。

(2)制药 确认上述步骤已经完成好,把电极放入电解桶中,打开电源开关，按动选择按钮，选择工作岗位，此时电极板周围产生大量气泡，开始自动计时，工作结束后机器自动关机并声音报警。

（3）灌装消毒药　用事先准备好的容器把消毒液倒出，贴上标签，加盖后存放。

4. 使用注意事项

（1）设备保护装置　优质的消毒液机采用高科技技术设计了微电脑智能保护装置，当操作不正常或发生意外时会自我保护，此时用户可排除故障后重新操作。

（2）定期清洗电极　由于使用的水的硬度不同，使用一段时间后，在电解电极上会产生很多水垢，应使用生产公司提供或指定的清洗剂清洗电极，一般15天清洗一次。

（3）防止水进入电器仓　添加盐水或清洗电极时，不要让水进入电器仓，以免损坏电器。

（4）消毒液机的放置　应在避光、干燥、清洁处，和所有电器一样，长期处于潮湿的空气中对电路板会有不利影响，从而降低整机的使用寿命。

（5）消毒液机性能的检测　在用户使用消毒液机一段时间后，可以对消毒液机的工作性能进行检测。检测时一是通过厂家提供的试纸进行测试，测出原液有效氯浓度；二是找检测单位按照"碘量法"对消毒液的有效氯进行测定，可更精确地测出有效氯含量，建议用户每年定期检测一次。

（四）臭氧空气消毒机

臭氧是一种强氧化杀菌剂，消毒时呈弥漫扩散方式，消毒彻底，无死角，消毒效果好。臭氧稳定性极差，常温下30分钟后可自行分解。因此，消毒后无残留毒性，是公认的洁净消毒剂。

1. 产品用途

主要用于养殖场的兽医室、大门口消毒室的环境空气的消毒和生产车间的空气消毒。如屠宰行业的生产车间、畜禽产品的加工车间及其他洁净区的消毒。

2. 工作原理

臭氧空气消毒机是采用脉冲高压放电技术，将空气中一定量的氧电离分解后形成臭氧，并配合先进的控制系统组成的新型消毒器械。其主要结构包括臭氧发生器、专用配套电源、风机和控制器等部分，一般规格为3、5、10、20、30和50克/小时。它以空气为气源，利用风机使空气通过发生器，并在发生器内的间隙放电过程中产生臭氧。

3. 优点

① 臭氧发生器采用了板式稳电极系统，使之不受带电粒子的轰击、腐蚀。

② 介电体采用的是含有特殊成分的陶瓷，它的抗腐蚀性强，可以在比较潮湿和不太洁净的环境条件下工作，对室内空气中的自然菌灭杀率达到90%以上。

臭氧消毒为气相消毒，与直线照射的紫外线消毒相比，不存在死角。由于臭氧极不稳定，其发生量及时间，要看所消毒的空间内各类器械物品所占空间的比例及当时的环境温度和相对湿度而定。根据需要消毒的空气容积，选择适当的型号和消毒时间。

三、生物消毒设施

（一）具有消毒功能的生物

具有消毒的生物种类很多，如植物和细菌等微生物及其代谢产物，以及噬菌体、质粒、小型动物和生物酶等。

1. 抗菌生物

植物为了保护自身免受外界的侵袭，特别是微生物的侵袭，可以产生抗菌物质，并且随着植物的进化，这些抗菌物质就愈来愈局限在植物的个别器官 或器官的个别部位。能抵制或杀灭微生物的植物叫抗菌植物药。目前实验已证实具有抗菌作用的植物有130多种，抗真菌的有50多种，抗病毒的有20多种。有的既有抗菌作用，又有抗真菌和抗病毒作用。中草药消毒剂大多是采用多种中草药提取物，主要用于空气消毒、皮肤黏膜消毒等。

2. 细菌

当前用于消毒的细菌主要是噬菌蛭弧菌。它可裂解多种细菌，如霍乱弧菌、大肠杆菌、沙门氏菌等，用于水的消毒处理。此外，梭状芽孢菌、类杆菌属中某些细菌，可用于污水、污泥的净化处理。

3. 噬菌体和质粒

一些广谱噬菌体，可裂解多种细菌，但一种噬菌体只能感染一个种属的细菌，对大多数细菌不具有专业性吸附能力，这使噬菌体在消毒方面的应用受到很大限制。细菌质粒中有一类能产生细菌素，细菌素是一类具有杀菌作用的蛋白质，大多为单纯蛋白，有些含有蛋白质和碳水化合物，对微生物有杀灭作用。

4. 微生物代谢等产物

一些真菌和细菌的代谢产物如毒素，具有抗菌或抗病毒作用，亦可用作消毒或防腐。

5. 生物酶

生物酶来源于动植物组织提取物或其分泌物、微生物体自溶物及其代谢产物中的酶活性物质。生物酶在消毒中的应用研究源于 20 世纪 70 年代，我国在这方面的研究走在世界前列。20 世纪 80 年代起，我国就研制出用溶葡萄菌酶来消毒杀菌技术。近年来，对酶的杀菌应用取得了突破，可用于杀菌的酶主要有：细菌胞壁溶解酶、酵母胞壁溶解酶、霉菌胞壁溶解酶、溶葡萄菌酶等，可用来消毒污染物品。此外，出现了溶菌酶、化学修饰溶菌酶及人工合成肽抗菌剂等。

总体而言，绿色环保的生物消毒技术在水处理领域的应用前景广阔。研究表明，生物消毒技术可以在很多领域发挥作用，如用于饮用水消毒、污水消毒、海水消毒和用于控制微生物污染的工业循环水及中水回用等领域。生物消毒技术虽然目前还没有广泛应用，但是作为一种符合人类社会可持续发展理念的绿色环保型的水处理消毒技术，它具有成本相对低廉、理论相对成熟、研究方法相对简单的优势，故应用前景广阔。

（二）生物消毒的应用

由于生物消毒的过程缓慢，消毒可靠性比较差，对细菌芽孢也没有杀灭作用，因此生物消毒技术不能达到彻底无害化。有关生物消毒的应用，有些在动物排泄物与污染物的消毒处理、自然水处理、污水污泥净化中广泛应用；有些在农牧业防控疾病等方面进行了实验性应用。

1. 生物热发酵堆肥

堆肥法是在人为控制堆肥因素的条件下，根据各种堆肥原料的营养成分和堆肥工程中微生物对混合堆肥中碳氧化、碳磷比、颗粒大小、水分含量和 pH 值等的要求，将计划中的各种堆肥材料按一定比例混合堆积，在合适的水分、通气条件下，使微生物繁殖并降解有机质，从而产生高温，杀死其中的病原菌及杂草种子，使有机物达到稳定，最终形成良好的有机复合肥。

目前常用的堆肥技术有很多种，分类也很复杂。按照有无发酵装置可分为无发酵仓堆肥系统和发酵仓堆肥系统。

（1）无发酵仓系统　主要有条垛式堆肥和通气静态垛系统。

条垛式堆肥是将原料简单堆积成窄长垛型，在好氧条件下进行分解，垛的断面常常是梯形、不规则四边形或三角形。条垛式堆肥的特点是通过定期翻堆来实现堆体中的有氧状态，使用机械或人工进行翻堆的方式进行通风。条垛式堆肥的优点是所需设备简单，投资成本较低，堆肥容易干燥，条垛式堆肥产品腐熟度高，稳定性好。缺点是占地面积大，腐熟周期长，需要大量的翻堆机械和人力。

与条垛式堆肥相比，通气静态垛系统是通过风机和埋在地下的通风管道进行强制通风供氧的系统。它能更有效地确保达到高温，杀死病原微生物和寄生虫（卵）。该系统的优点是设备投资低，能更好地控制温度和通气情况，堆肥时间较短，一般 2~3 周。缺点是由于在露天进行，容易受气候条件的影响。

（2）发酵仓系统　是使物料在部分或全部封闭的容器内，控制通风和水分条件，使物料进行生物降解和转化。该系统的优点是堆肥系统不受气候条件的影响；能够对废气进行统一的收集处理，防止环境二次污染，而且占地面积小，空间限制少；能得到高质量的堆肥产品。缺点是由于堆肥时间短，产品会有潜在的不稳定性。而且还需高额的投资，包括堆肥设备的投资、运行费用及维护费用。

2. 沼气发酵

沼气发酵又称厌氧消化，是在厌氧环境中微生物分解有机物最终生产沼气的过程，其产品是沼气和发酵残留物（有机肥）。沼气发酵是生物质能转化最重要的技术之一，它不仅能有效处理有机废物，降低生物耗氧量，还具有杀灭致病菌、减少蚊蝇滋生的功能。此外，沼气发酵作为废物处理的手段，不仅能节省能耗，而且还能生产优质的沼气和高效有机肥。

四、消毒防护

无论采取哪种消毒方式，都要注意消毒人员的自身防护。消毒防护，首先要严格遵守操作规程和注意事项，其次要注意消毒人员以及消毒区域内其他人员的防护。防护措施要根据消毒方法的原理和操作规程有针对性。例如进行喷雾消毒和熏蒸消毒就应穿上防护服，戴上眼镜和口罩；进行紫外线照射的消毒，室内人员都应该离开，避免直接照射。如对进出养殖场人员通过消毒室进行紫外线照射消毒时，眼睛不能看紫外线灯，避免眼睛受到灼伤。

常用的个人防护用品可以参照国家标准进行选购，防护服应该配帽子、口罩和鞋套。

（一）防护服要求

防护服应做到防酸碱、防水、防寒、挡风、透气等。

1. 防酸碱

可使服装在消毒中耐腐蚀，工作完毕或离开疫区时，用消毒液高压喷淋、洗涤消毒，达到安全防疫的效果。

2. 防水

防水好的防护服材料在 1 米^2 的防水气布料薄膜上就有 14 亿个微细孔，一颗水珠比这些微细孔大 2 万倍。因此，水珠不能穿过薄膜层而湿润布料，不会被弄湿，可保证操作中的防水效果。

3．防寒、挡风

防护服材料极小的微细孔应呈不规则排列，可阻挡冷风及寒气的侵入。

4．透气

材料微孔直径应大于汗液分子 700~800 倍，汗气可以穿透面料，即使在工作量大、体液蒸发较多时也感到干爽舒适。目前先进的防护服已经在市场上销售，可按照上述标准，参照防 SARS 时采用的标准选购。

（二）防护用品规格

1．防护服

一次性使用的防护服应符合《医用一次性防护服技术要求》（GB19082—2003）。外观应干燥、清洁、无尘、无霉斑，表面不允许有斑疤、裂孔等缺陷；针线缝合采用针缝加胶合或作折边缝合，针距要求每 3 厘米缝合 8~10 针，针次均匀、平直，不得有跳针。

2．防护口罩

应符合《医用防护口罩技术要求》（GB19083—2003）。

3．防护眼镜

应视野宽阔，透亮度好，有较好的防溅性能，佩戴有弹力带。

4．手套

医用一次性乳胶手套或橡胶手套。

5．鞋及鞋套

为防水、防污染鞋套，如长筒胶鞋。

（三）防护用品的使用

1．穿戴防护用品顺序

步骤 1：戴口罩。平展口罩，双手平拉推向面部，捏紧鼻夹使口罩紧贴面部；左手按住口罩，右手将护绳绕在耳根部；右手按住口罩，左手将护绳绕向耳根部；双手上下拉口边沿，使其盖至眼下和下巴。

戴口罩的注意事项：配戴前先洗手；摘戴口罩前，要保持双手洁净，尽量不要触碰口罩内侧，以免手上的细菌污染口罩；口罩每隔4小时更换1次；佩戴面纱口罩要及时清洗，并且高温消毒后晾晒，最好在阳光下晒干。

步骤2：戴帽子。戴帽子时注意双手不要接触面部，帽子的下沿应遮住耳的上沿，头发尽量不要露出。

步骤3：穿防护服。

步骤4：戴防护眼镜，注意双手不要接触面部。

步骤5：穿鞋套或胶鞋。

步骤6：戴手套，将手套套在防护服袖口外面。

2.脱掉防护用品顺序

步骤1：摘下防护镜，放入消毒液中。

步骤2：脱掉防护服，将反面朝外，放入黄色塑料袋中。

步骤3：摘掉手套，一次性手套应将反面朝外，放入黄色塑料袋中，橡胶手套放入消毒液中。

步骤4：将手指反掏进帽子，将帽子轻轻摘掉，反面朝外，放入黄色塑料袋中。

步骤5：脱下鞋套或胶鞋，将鞋套反面朝外，放入黄色塑料袋中，将胶鞋放入消毒液中。

步骤6：摘口罩，一手按住口罩，另一只手将口罩带摘下，放入黄色塑料袋中，注意双手不接触面部。

（四）防护用品使用后的处理

消毒结束后，执行消毒的人员需要进行自洁处理，必要时更换防护服对其做消毒处理。有些废弃的污染物包括使用后的一次性隔离衣裤、口罩、帽子、手套、鞋套等不能随便丢弃，应有一定的消毒处理方法，这些方法应该安全、简单、经济。

基本要求：污染物应装入盒或袋内，以防止操作人员接触；防止污染物接近人、鼠或昆虫；不应污染表层土壤、表层水及地下水；不应造成空气污染。污染废弃物应当严格清理检查，清点数量，根据材料性质进行分类，分成可焚烧处理和不可焚烧处理两大类。干性可燃污染废物进行焚烧处理；不可燃废物浸泡消毒。

（五）培养良好的防护意识和防护习惯

作为消毒人员，不仅应该熟悉各种消毒方法、消毒程序、消毒器械和常用消毒剂的使用，还应该熟悉微生物和传染病检疫防疫知识，能够对疫源地的污染菌做出判断。

由于动物防疫检疫人员或消毒人员长期暴露于病原体污染的环境下，因此，从事消毒工作的人员应该具备良好的防护意识，养成良好的防护习惯，加强消毒人员自身防护，防止和控制人畜共患病的发生。如，在干热灭菌时防止燃烧；压力蒸汽灭菌时防止爆炸事故及操作人员的烫伤事故；使用气体化学消毒时，防止有毒消毒气体的泄漏，经常检测消毒环境中气体的浓度，对环氧乙烷气体还应防止燃烧、爆炸事故；接触化学消毒灭菌时，防止过敏和皮肤黏膜的伤害等。

第三节　常用的消毒剂

利用化学药品杀灭传播媒介上的病原微生物以达到预防感染、控制传染病的传播和流行的方法称为化学消毒法。化学消毒法具有适用范围广，消毒效果好，无须特殊仪器和设备，操作简便易行等特点，是目前兽医消毒工作中最常用的方法。

一、化学消毒剂的分类

用于杀灭传播媒介上病原微生物的化学药物称为消毒剂。化学消毒剂的种类很多，分类方法也有多种。

（一）按杀菌能力分类

消毒剂按照其杀菌能力可分为高效消毒剂、中效消毒剂、低效消毒剂等三类。

1.高效消毒剂

可杀灭各种细菌繁殖体、病毒、真菌及其孢子等，对细菌芽孢也有一定杀灭作用，达到高水平消毒要求，包括含氯消毒剂、臭

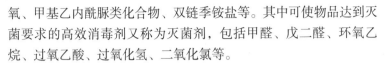

氧、甲基乙内酰脲类化合物、双链季铵盐等。其中可使物品达到灭菌要求的高效消毒剂又称为灭菌剂，包括甲醛、戊二醛、环氧乙烷、过氧乙酸、过氧化氢、二氧化氯等。

2. 中效消毒剂

能杀灭细菌繁殖体、分枝杆菌、真菌、病毒等微生物，达到消毒要求，包括含碘消毒剂、醇类消毒剂、酚类消毒剂等。

3. 低效消毒剂

仅可杀灭部分细菌繁殖体、真菌和有囊膜病毒，不能杀死结核杆菌、细菌芽孢和较强的真菌和病毒，达到消毒要求，包括苯扎溴铵等季铵盐类消毒剂、氯己定（洗必泰）等双胍类消毒剂，汞、银、铜等金属离子类消毒剂及中草药消毒剂。

（二）按化学成分分类

常用的化学消毒剂按其化学性质不同可分为以下几类。

1. 卤素类消毒剂

这类消毒剂有含氯消毒剂类、含碘消毒剂类及卤化海因类消毒剂等。

含氯消毒剂可分为有机氯消毒剂和无机氯消毒剂两类。目前常用的有二氯异氰尿酸钠及其复方消毒剂、氯化磷酸三钠、液氯、次氯酸钠、三氯异氰尿酸、氯尿酸钾、二氯异氰尿酸等。

含碘消毒剂可分为无机碘消毒剂和有机碘消毒剂，如碘伏、碘酊、碘甘油、PVP碘、洗必泰碘等。碘伏对各种细菌繁殖体、真菌、病毒均有杀灭作用，受有机物影响大。

卤化海因类消毒剂为高效消毒剂，对细菌繁殖体及芽孢、病毒真菌均有杀灭作用。目前国内外使用的这类消毒剂有3种：二氯海因（二氯二甲基乙内酰脲，DCDMH）、二溴海因（二溴二甲基乙内酰脲，DBDMH）、溴氯海因（溴氯二甲基乙内酰脲，BCDMH）。

2. 氧化剂类消毒剂

常用的有过氧乙酸、过氧化氢、臭氧、二氧化氯、酸性氧化电位水等。

3. 烷基化气体类消毒剂

这类化合物中主要有环氧乙烷、环氧丙烷和乙型丙内酯等，其中以环氧乙烷应用最为广泛，杀菌作用强大，灭菌效果可靠。

4. 醛类消毒剂

常用的有甲醛、戊二醛等。戊二醛是第三代化学消毒剂的代表，被称为冷灭菌剂，灭菌效果可靠，对物品腐蚀性小。

5. 酚类消毒剂

这是一类古老的中效消毒剂，常用的有石炭酸、来苏儿、复合酚类（农福）等。由于酚类消毒剂对环境有污染，目前有些国家限制使用。这类消毒剂在我国的应用也趋向逐步减少，有被其他消毒剂取代的趋势。

6. 醇类消毒剂

主要用于皮肤术部消毒，如乙醇、异丙醇等消毒剂。这类消毒剂可以杀灭细菌繁殖体，但不能杀灭芽孢，属中效消毒剂。近来的研究发现，醇类消毒剂与戊二醛、碘伏等配伍，可以增强消毒效果。

7. 季铵盐类消毒剂

单链季铵盐类消毒剂是低效消毒剂，一般用于皮肤黏膜的消毒和环境表面消毒，如新洁尔灭、度米芬等。双链季铵盐阳离子表面活性剂，不仅可以杀灭多种细菌繁殖体，而且对芽孢有一定杀灭作用，属于高效消毒剂。

8. 二胍类消毒剂

一类低效消毒剂，不能杀灭细菌芽孢，但对细菌繁殖体的杀灭作用强大，一般用于皮肤黏膜的防腐，也可用于环境表面的消毒，如氯己定（洗必泰）等。

9. 酸碱类消毒剂

常用的酸类消毒剂有乳酸、醋酸、硼酸、水杨酸等；常用的碱类消毒剂有氢氧化钠（苛性钠）、氢氧化钾（苛性钾）、碳酸钠（石碱）、氧化钙（生石灰）等。

10.重金属盐类消毒剂

主要用于皮肤黏膜的消毒防腐，有抑菌作用，但杀菌作用不强。常用的有红汞、硫柳汞、硝酸银等。

（三）按性状分类

消毒剂按性状可分为固体消毒剂、液体消毒剂和气体消毒剂三类。

二、化学消毒剂的选择与使用

（一）选择适宜的消毒剂

化学消毒是生产中最常用的方法。但市场上的消毒剂种类繁多，其性质与作用不尽相同，消毒效力千差万别。所以，消毒剂的选择至关重要，关系到消毒效果和消毒成本，必须选择适宜的消毒剂。

1.优质消毒剂的标准

优质的消毒剂应具备如下条件。

①杀菌谱广，有效浓度低，作用速度快。

②化学性质稳定，且易溶于水，能在低温下使用。

③不易受有机物、酸、碱及其他理化因素的影响。

④毒性低，刺激性小，对人畜危害小，不残留在畜禽产品中，腐蚀性小，使用无危险。

⑤无色、无味、无嗅，消毒后易于去除残留药物。

⑥价格低廉，使用方便。

2.适宜消毒剂的选择

（1）考虑消毒病原微生物的种类和特点　不同种类的病原微生物，如细菌、芽孢、病毒及真菌等，它们对消毒剂的敏感性有较大差异，即其对消毒剂的抵抗力有强有弱。消毒剂对病原微生物也有一定选择性，其杀菌、杀病毒力也有强有弱。针对病原微生物的种类与特点，选择合适的消毒剂，这是消毒工作成败的关键。例如，要杀灭细菌芽孢，就必须选用高效的消毒剂，才能取得可靠的消毒效果；季铵盐类是阳离子表面活性剂，因其杀菌作用的阳离子具有亲脂性，而革兰氏阳性菌的细胞壁含类脂多于革兰氏阴性菌，故革兰氏阳性菌更易被季铵盐类消毒剂灭活；如为杀灭病毒，应选择对病毒消毒效果好的碱类消毒剂、季铵盐类消毒剂及过氧乙酸等；同一种类病原微生物所处的不同状态，对消毒剂的敏感性也不同。同一种类细菌的繁殖体比其芽孢对消毒剂的抵抗力弱得多，生长期的细菌比静止期的细菌对消毒剂的抵抗力也低。

（2）考虑消毒对象　不同的消毒对象，对消毒剂有不同的要求。选择消毒剂时既要考虑对病原微生物的杀灭作用，又要考虑消毒剂对消毒对象的影响。不同的消毒对象选用不同的消毒药物。

（3）考虑消毒的时机　平时消毒，最好选用对广范围的细菌、病毒、霉菌等均有杀灭效果，而且是低毒、无刺激性和腐蚀性，对畜禽无危害，产品中无残留的常用消毒剂。在发生特殊传染病时，可选用任何一种高效的非常用消毒剂，因为是在短期间内应急防疫的情况下使用，所以无需考虑其对消毒物品有何影响，而是把防疫灭病的需要放在第一位。

（4）考虑消毒剂的生产厂家　目前生产消毒剂的厂家和产品种类较多，产品的质量参差不齐，效果不一。所以选择消毒剂时应注意消毒剂的生产厂家，选择生产规范、信誉度高的厂家产品。同时要防止购买假冒伪劣产品。

（二）化学消毒剂的使用

1. 化学消毒剂的使用方法

（1）浸泡法　选用杀菌谱广、腐蚀性弱、水溶性消毒剂，将物品浸没于消毒剂内，在标准的浓度和时间内，达到消毒杀菌目的。浸泡消毒时，消毒液连续使用过程中，消毒有效成分不断消耗，因此需要注意有效成分浓度变化，应及时添加或更换消毒液。当使用低效消毒剂浸泡时，需注意消毒液被污染的问题，从而避免疫源性的感染。

（2）擦拭法　选用易溶于水、穿透性强的消毒剂，擦拭物品表面或动物体表皮肤、黏膜、伤口等处。在标准的浓度和时间里达到消毒灭菌目的。

（3）喷洒法　将消毒液均匀喷洒在被消毒物体上。如用5%来苏儿溶液喷洒消毒畜禽舍地面等。

（4）喷雾法　将消毒液通过喷雾形式对物体表面、畜禽舍或动物体表进行消毒。

（5）发泡（泡沫）法　此法是自体表喷雾消毒后，开发的又一新的消毒方法。所谓发泡消毒是把高浓度的消毒液用专用的发泡机制成泡沫散布在畜禽舍内面及设施表面。主要用于水资源贫乏的地区或为了避免消毒后的污水进入污水处理系统，破坏活性污泥的活性以及自动环境控制的畜禽舍，一般用水量仅为常规消毒法的1/10。采用发泡消毒法，对一些形状复杂的器具、设备进行消毒时，由于泡沫能较好地附着在消毒对象的表面，故能得到较为一致的消毒效果，且由于泡沫能较长时间附着在消毒对象表面，延长了消毒剂作用时间。

（6）洗刷法　用毛刷等蘸取消毒剂溶液在消毒对象表面洗刷。如外科手术前术者的手用洗手刷在0.1%新洁尔灭溶液中洗刷消毒。

（7）冲洗法　将配制好的消毒液冲入直肠、瘘管、阴道等部位或冲湿物体表面进行消毒。这种方法消耗大量的消毒液，一般较少使用。

（8）熏蒸法　通过加热或加入氧化剂，使消毒剂呈气体或烟雾，在标准的浓度和时间里达到消毒灭菌目的。适用于畜禽舍内物品及空气消毒精密贵重仪器和不能蒸、煮、浸泡消毒的物品消毒。环氧乙烷、甲醛、过氧乙酸以及含氯消毒剂均可通过此种方式进行消毒，熏蒸消毒时环境湿度是影响消毒效果的重要因素。

（9）撒布法　将粉剂型消毒剂均匀地撒布在消毒对象表面。如含氯消毒剂可直接用药物粉剂进行消毒处理，通常用于地面消毒。消毒时，需要较高的湿度使药物潮解才能发挥作用。

化学消毒剂的使用方法应依据化学消毒剂的特点、消毒对象的性质及消毒现场的特点等因素合理选择。多数消毒剂既可以浸泡、擦拭消毒，也可以喷雾处理，根据需要选用合适的消毒方法。如只在液体状态下才能发挥出较好消毒效果的消毒剂，一般采用液体喷洒、喷雾、浸泡、擦拭、洗刷、冲洗等方式。对空气或空间进行消毒时，可使用部分消毒剂进行熏蒸。同样消毒方法对不同性质的消毒对象，效果往往也不同。如光滑的表面，喷洒药液不易停留，应以冲洗、擦拭、洗刷、冲洗为宜。较粗糙表面，易使药液停留，可用喷洒、喷雾消毒。消毒还应考虑现场条件。在密闭性好的室内消毒时，可用熏蒸消毒，密闭性差的则应用消毒液喷洒、喷雾、擦拭、洗刷的方法。

2. 化学消毒法的选择

（1）根据病原微生物选择　由于各种微生物对消毒因子的抵抗力不同，所以要有针对性地选择消毒方法。一般认为，微生物对消毒因子的抵抗力从低到高的顺序为：亲脂病毒（乙肝病毒、流感病毒）、细菌繁殖体、真菌、亲水病毒（甲型肝炎病毒、脊髓灰质炎病毒）、分枝杆菌、细菌芽孢、朊病毒。对于一般细菌繁殖体、亲脂性病毒、螺旋体、支原体、衣原体和立克次体等，可用煮沸消毒或低效消毒剂等常规消毒方法，如用洁尔灭、洗必泰等；对于结核杆菌、真菌等耐受力较强的微生物，可选择中效消毒剂与热力消毒方法；对于污染抗力很强的细菌芽孢需采用热力、辐射及高效消毒剂的方法，如过氧化物类、醛类与环氧乙烷等。另外真菌孢子对紫外线抵抗力强，季铵盐类对肠道病毒无效。

（2）根据消毒对象选择　同样的消毒方法对不同性质的物品消毒效果往往不同。例如物体表面可擦拭、喷雾，而触及不到的表面可用熏蒸，小物体还可以浸泡。在消毒时，还要注意保护被消毒物品，使其不受损害。如皮毛制品不耐高温，对于食品、餐具、茶具和饮水等不能使用有毒或有异味的消毒剂消毒等。

（3）根据消毒现场选择　进行消毒的环境往往是复杂的，对消毒方法的选择及效果的影响也是多样的。如进行居室消毒，房屋密闭性好的，可以选用熏蒸消毒；密闭性差的最好用液体消毒剂处理。对物品表面消毒时，耐腐蚀的物品用喷洒的方法好，怕腐蚀的物品要用无腐蚀或低腐蚀的化学消毒剂擦拭的方法消毒。对垂直墙面的消毒，光滑表面药物不易停留，使用冲洗或药物擦拭方法效果较好；粗糙表面较易濡湿，以喷雾处理较好。进行室内空气消毒时，通风条件好的可以利用自然换气法；若通风不好，污染空气长期滞留在建筑物内的，可以使用药物熏蒸或气溶胶喷洒等方法处理。又如对空气的紫外线消毒，当室内有人时只能用反向照射法（向上方照射），以免对人和鸭造成伤害。

用普通喷雾器喷雾时，地面喷雾量为 200~300 毫升/米^2，其他消毒剂溶液喷洒至表面湿润，要湿而不流，一般用量 50~200 毫升/米^2。应按照先上后下、先左后右的方法，依次进行消毒。超低容量喷雾只适用于室内使用，喷雾时，应关好门窗，消毒剂溶液要均匀覆盖在物品表面上。喷雾结束 30~60 分钟后，打开门窗，散去空气中残留的消毒剂。

喷洒有刺激性或腐蚀性消毒剂时，消毒人员应戴防护口罩和眼镜。所用清洁消毒工具（抹布、拖把、容器）每次用后清水冲洗，悬挂晾干备用，有污染时用 250~500 毫克/升有效氯消毒液浸泡30 分钟，用清水清洗干净，晾干备用。

（4）根据安全性选择　选用消毒方法应考虑安全性，例如，在人群集中的地方，不宜使用具有毒性和刺激性的气体消毒剂，在距火源（50 米以内）的场所，不能使用大量环氧乙烷气体消毒。

（5）根据卫生防疫要求选择　在发生传染病的重点地区，要根据卫生防疫要求，选择合适的消毒方法，加大消毒剂量和消毒频次，以提高消毒质量和效率。

（6）根据消毒剂的特性选择　应用化学消毒剂，应严格注意药物性质、配制浓度，消毒剂量和配制比例应准确，应随配随用，防止过期。应按规定保证足够的消毒时间，注意温度、湿度、pH 值，特别是有机物以及被消毒物品性质和种类对消毒的影响。

3.化学消毒剂使用注意事项

化学消毒剂使用前应认真阅读说明书，搞清消毒剂的有效成分及含量，看清标签上的标示浓度及稀释倍数。消毒剂均以含有效成分的量表示，如含氯消毒剂以有效氯含量表示，60% 二氯异氰尿酸钠为原粉中含 60% 有效氯，20% 过氧乙酸指原液中含 20% 的过氧乙酸，5% 新洁尔灭指原液中含 5% 的新洁尔灭。对这类消毒剂稀释时不能将其当成 100% 计算使用浓度，而应按其实际含量计算。使用量以稀释倍数表示时，表示 1 份的消毒剂以若干份水稀释而成，如配制稀释倍数为 1 000 倍时，即在每 1 升水中加 1 毫升消毒剂。

使用量以"%"表示时，消毒剂浓度稀释配制计算公式为：$C_1V_1=C_2V_2$（C_1 为稀释前溶液浓度，C_2 为稀释后溶液浓度，V_1 为稀释前溶液体积，V_2 为稀释后溶液体积）。

应根据消毒对象的不同，选择合适的消毒剂和消毒方法，联合或交替使用，以使各种消毒剂的作用优势互补，做到全面彻底地消灭病原微生物。

不同消毒剂的毒性、腐蚀性及刺激性均不同，如含氯消毒剂、过氧乙酸、二氧化氯等对金属制品有较大的腐蚀性，对织物有漂白作用，慎用于这种材质物品，如果使用，应在消毒后用水漂洗或用清水擦拭，以减轻对物品的损坏。预防性消毒时，应使用推荐剂量的低限。盲目、过度使用消毒剂，不仅造成浪费，损坏物品，也大量地杀死许多有益微生物，而且残留在环境中的化学物质越来越多，成为新的污染源，对环境造成严重后果。

大多数消毒剂有效期为 1 年，少数消毒剂不稳定，有效期仅为数月，如有些含氯消毒剂溶液。有些消毒剂原液比较稳定，但稀释成使用液后不稳定，如过氧乙酸、过氧化氢、二氧化氯等消毒液，稀释后不能放置时间过长。有些消毒液只能现生产现用，不能储存，如臭氧水、酸性氧化电位水等。

配制和使用消毒剂时应注意个人防护，注意安全，必要时应戴防护眼镜、口罩和手套等。消毒剂仅用于物体及外环境的消毒处理，切忌内服。

多数消毒剂在常温下于阴凉处避光保存。部分消毒剂易燃易爆，保存时应远离火源，如环氧乙烷和醇类消毒剂等。千万不要用盛放食品、饮料的空瓶灌装消毒液，如使用必须撤去原来的标签，贴上一张醒目的消毒剂标签。消毒液应放在儿童拿不到的地方，不要将消毒液放在厨房或与食物混放。万一误用了消毒剂，应立即采取紧急救治措施。

4.化学消毒剂误用或中毒后的紧急处理

大量吸入化学消毒剂时，要迅速从有害环境撤到空气清新处，更换被污染的衣物，对手和其他暴露皮肤进行清洗，如大量接触或有明显不适的要尽快就近就诊；皮肤接触高浓度消毒剂后及时用大量流动清水冲洗，用淡肥皂水清洗，如皮肤仍有持续疼痛或刺激症状，要在冲洗后就近就诊；化学消毒剂溅入眼睛后立即用流动清水持续冲洗不少于15分钟，如仍有严重的眼花并疼痛、畏光、流泪等症状，要尽快就近就诊；误服化学消毒剂中毒时，成年人要立即口服牛奶200毫升，也可服用生蛋清3~5个。一般还要催吐、洗胃。含碘消毒剂中毒可立即服用大量米汤、淀粉浆等。出现严重胃肠道症状者，应立即就近就诊。

三、常用化学消毒剂

20世纪50年代以来，世界上出现了许多新型化学消毒剂，逐渐取代了一些古老的消毒剂。碘释放剂、氯释放剂、长链季铵、双长链季铵、戊二醛、二氧化氯等都是50~70年代逐渐发展起来的。进入90年代消毒剂在类型上没有重大突破，但组配复方制剂增多。国际市场上消毒剂商品名目繁多。美国人医与兽医用的消毒剂品名1 400多种，但其中92%是由14种成分配制而成。我国消毒剂市场发展也很快，消毒剂的商品名已达50~60种，但按成分分类只有7~8种。

(一) 醛类消毒剂

醛类消毒剂是使用最早的一类化学消毒剂，这类消毒剂抗菌谱广、杀菌作用强，具有杀灭细菌、芽孢、真菌和病毒的作用；性能稳定、容易保存和运输、腐蚀性小，而且价格便宜。广泛应用于畜禽舍的环境、用具、设备的消毒，尤其对疫源地芽孢消毒。近年来，利用醛类与其他消毒剂的协同作用以减低或消除其刺激性，提高其消毒效果和稳定性，研制出了以醛类为主要成分的复方消毒剂。是当前研究的方向。由广东农业科学院兽医研究所研制的长效清（主要成分为甲醛和三羟甲基硝基甲烷）便是一种复方甲醛制剂，对各类病原体有快速杀灭作用，消毒池内可持续效力达 7 天以上。

1. 甲醛

又称蚁醛，有刺激性特臭，久置发生浑浊。易溶于水和醇，水中有较好的稳定性。37%~40% 的甲醛溶液称为福尔马林。制剂主要有福尔马林（37%~40% 甲醛）和多聚甲醛（91%~94% 甲醛）。适用于环境、笼舍、用具、器械、污染物品等的消毒；常用的方法为喷洒、浸泡、熏蒸。一般以 2% 的福尔马林消毒器械，浸泡 1~2 小时。5%~10% 福尔马林溶液喷洒畜禽舍环境或每立方米空间用福尔马林 25 毫升，水 12.5 毫升，加热（或加等量高锰酸钾）熏蒸 12~24 小时后开窗通风。本品对眼睛和呼吸道有刺激作用，消毒时穿戴防护用具（口罩、手套、防护服等），熏蒸时人员、动物不可停留于消毒空间。

2. 戊二醛

为无色挥发性液体，其主要产品有碱性戊二醛、酸性戊二醛和强化中性戊二醛。杀菌性能优于甲醛 2~3 倍，具有高效、广谱、快速杀灭细菌繁殖体、细菌芽孢、真菌、病毒等微生物。适用于器械、污染物品、环境、粪便、圈舍、用具等的消毒。可采取浸泡、冲洗、清洗、喷洒等方法。2% 的碱性水溶液用于消毒诊疗器械，熏蒸用于消毒物体表面。2% 的碱性水溶液杀灭细菌繁殖体及真菌需 10~20 分钟，杀灭芽孢需 4~12 小时，杀灭病毒需 10 分钟。使用戊二醛消毒灭菌后的物品应用清水及时去除残留物质；保证足够的浓度（不低于 2%）和作用时间；灭菌处理前后的物品应保持干燥；本品对皮肤、黏膜有刺激作用，亦有致敏作用，应注意操作人员的保护；注意防腐蚀；可以带动物使用，但空气中最高允许浓度为 0.05 毫克 / 千克；戊二醛在 pH 值小于 5 时最稳定，在 pH 值为 7~8.5 时杀菌作用最强，可杀灭金黄色葡萄球菌、大肠杆菌、肺炎双球菌和真菌，作用时间只需 1~2 分钟。兽医诊疗中不能加热消毒的诊疗器械均可采用戊二醛消毒（浓度为 0.125%~2.0%）。本品对环境易造成污染，英国现已停止使用。

（二）卤素及含卤化合物类消毒剂

主要有含氯消毒剂（包括次氯酸盐，各种有机氯消毒剂）、含碘消毒剂（包括碘酊、碘仿及各种不同载体的碘伏）和海因类卤化衍生物消毒剂。

1. 含氯消毒剂

指在水中能产生具有杀菌作用的活性次氯酸的一类消毒剂，包括传统使用的无机含氯消毒剂，如次氯酸钠（10%~12%）、漂白粉（25%）、粉精（次氯酸钙为主，80%~85%）、氯化磷酸三钠（3%~5%）等和有机含氯消毒剂，如二氯异氰尿酸钠（60%~64%）、三氯异氰尿酸（87%~90%）、氯铵 T（24%）等，品种达数十种。

由于无机氯制剂的性质不稳定、难储存、强腐蚀等缺点，近年来国内外研究开发出性质稳定、易储存、低毒、含有效氯达 60%~90% 的有机氯，如二氯异氰尿酸钠、三氯异氰尿酸、三氯异氰尿酸钠、氯异氰尿酸钠是世界卫生组织公认的消毒剂。随着畜牧养殖业的飞速发展，以二氯异氰尿酸钠为原料制成的多种类型的消毒剂已得到了广泛的开发和利用。国内同类产品有优氯净（河北）、百毒克（天津）、威岛牌消毒剂（山东）、菌毒净（山东）、得克斯消毒片（山东）、氯杀宁（山西）、消毒王（江苏）、宝力消毒剂（上海）、万毒灵、强力消毒灵等，有效氯含量有 40%、20% 及 10% 等多种规格的粉剂。

含氯消毒剂的优点是广谱、高效、价格低廉、使用方便，对细菌、芽孢和多种病毒均有较好的杀灭能力。其杀菌效果取决于有效氯的含量，含量越高，杀菌力越强。含氯消毒剂在低浓度时即可有效的杀灭牛结核分枝杆菌、肠杆菌、肠球菌、金黄色葡萄球菌。含氯复合制剂可以对各种病毒，如口蹄疫病毒、猪传染性水疱病病毒、猪轮状病毒、猪传染性胃肠炎病毒、鸭新城疫病毒和鸭法氏囊病病毒等具有较强的杀灭作用。其缺点是在养殖场应用时受有机质、还原物质和 pH 的影响大。在 pH 值为 4 时，杀菌作用最强；pH 值 8.0 以上，可失去杀菌活性。受日光照射易分解，温度每升高 10℃，杀菌时间可缩短 50%~60%。含氯消毒剂的广泛使用也带来了环境保护问题，有研究表明有机氯有致癌作用。

（1）漂白粉　又称含氯石灰、氯化石灰。白色颗粒状粉末，主要成分是次氯酸钙，含有效氯 25%~32%，在一般保存过程中，有效氯每月可减少 1%~3%。杀菌谱广，作用强，对细菌、芽孢、病毒等均有效，但不持久。漂白粉干粉可用于地面和人、畜排泄物的消毒，其水溶液用于厩舍、畜栏、饲槽、车辆、饮水、污水等消毒。饮水消毒用 0.03%~0.15%，喷洒、喷雾用 5%~10% 乳液，也可以用干粉撒布。用漂白粉配制水溶液时应先加少量水，调成糊状，然后边加水边搅拌配成所需浓度的乳液使用，或静置沉淀，取澄清液使用。漂白粉应保存在密闭容器内，放在阴凉、干燥、通风处。漂白粉对织物有漂白作用，对金属制品有腐蚀性，对组织有刺激性，操作时应做好防护。

漂粉精白色粉末，比漂白粉易溶于水且稳定，成分为次氯酸钙，含杂质少，有效氯含量 80%~85%。使用方法、范围与漂白粉相同。

（2）次氯酸钠　无色至浅黄绿色液体，存在铁时呈红色，含有效氯 10%~12%。为高效、快速、广谱消毒剂，可有效杀灭各种微生物，包括细菌、芽孢、病毒、真菌等。饮水的消毒，每立方米水加药 30~50 毫克，作用 30 分钟；环境消毒，每立方米水加药 20~50 克搅匀后喷洒、喷雾或冲洗；食槽、用具等的消毒，每立方米加药 10~15 克搅匀后刷洗并作用 30 分钟。本品对皮肤、黏膜有较强的刺激作用。水溶液不稳定，遇光和热都会加速分解，闭光密封保存有利于其稳定性。

氯胺 T 又称氯亚明，化学名为对甲基苯磺酰氯胺钠。荷兰英特威公司在我国注册的这种消毒剂，商品名为海氯（ha1amid）。消毒作用温和持久，对组织刺激性和受有机物影响小。0.5%~1% 溶液，用于食槽、器皿消毒；3%溶液，用于排泄物与分泌物消毒；0.1%~0.2%溶液用于黏膜、阴道、子宫冲洗；1%~2%溶液，用于创伤消毒；饮水消毒，每立方米用2~4毫克。与等量铵盐合用，可显著增强消毒作用。

（3）二氯异氰尿酸钠　又称优氯净，商品名为抗毒威。白色晶体，性质稳定，含有效氯60%~64%。本品广谱、高效、低毒、无污染、储存稳定、易于运输、水溶性好、使用方便、使用范围广，为氯化异氰脲酸类产品的主导品种。20世纪90年代以来，二氯异氰尿酸钠在剂型和用途方面已出现了多样化，由单一的水溶性粉剂，发展为烟熏剂、溶液剂、烟水两用剂（如得克斯消毒散）。烟碱、强力烟熏王等就是综合了国内现有烟雾消毒剂的特点，发展其烟雾量大、扩散渗透力强的优势，从而达到杀菌快速、全面的效果。二氯异氰尿酸钠能有效地快速杀灭各种细菌、真菌、芽孢、霉菌、霍乱弧菌。用于养殖业各种用具的消毒，乳制品业的用具消毒及乳牛的乳头浸泡，防止链球菌或葡萄球菌感染的乳腺炎；兽医诊疗场所、用具、垃圾和空间消毒，化验器皿、器具的无菌处理和物体表面消毒；预防鱼由细菌、病毒、寄生虫等所引起的疾病。饮水消毒，每立方米水用药10毫克；环境消毒，每立方米加药1~2克搅匀后，喷洒或喷雾地面、厩舍；粪便、排泄物、污物等消毒，每立方米水加药5~10克，搅匀后浸泡30~60分钟；食槽、用具等消毒，每立方米水加药2~3克，搅匀后刷洗，作用30分钟；非腐蚀性兽医用品消毒，每立方米加药2~4克搅匀后浸泡15~30分钟。可带畜、禽喷雾消毒；本品水溶液不稳定，有较强的刺激性，对金属有腐蚀性，对纺织品有损坏作用。

（4）三氯异氰尿酸　白色结晶粉末，微溶于水，易溶于丙酮和碱溶液，是一种高效的消毒杀菌漂白剂，含有效氯89.7%。具有强烈的消毒杀菌与漂白作用，其效率高于一般的氯化剂，特别适合于水的消毒杀菌。水中溶解后，水解为次氯酸和氰尿酸，无二次污染，是一种高效、安全的杀菌消毒和漂白剂。用于饮用水的消毒杀菌处理及畜牧、水产、传染病疫源地的消毒杀菌。

2.含碘消毒剂

含碘消毒剂包括碘及碘为主要杀菌成分制成的各种制剂，常用的有碘、碘酊、碘甘油、碘伏等，常用于皮肤、黏膜消毒和手术器械的灭菌。

（1）碘酒 又称碘酊，是一种温和的碘消毒剂溶液，兽医上一般配成5%（W/V）。常用于免疫、注射部位、外科手术部位皮肤以及各种创伤或感染的皮肤或黏膜消毒。

碘甘油 含有效碘1%，常用于鼻腔黏膜、口腔黏膜及幼畜的皮肤和母畜的乳房皮肤消毒和清洗脓腔。

（2）碘伏 由于碘水溶性差，易升华、分解，对皮肤黏膜有刺激性和较强的腐蚀性等缺点，限制了其在畜牧兽医上的广泛应用。因此，20世纪70—80年代国外发明了一种碘释放剂，我国称碘伏，即将碘伏载在表面活性剂（非离子、阳离子及阴离子）、聚合物如聚乙烯吡咯烷酮（PVP）、天然物（淀粉、糊精、纤维素）等载体上，其中以非离子表面活性剂最好。1988年瑞士汽巴——嘉基公司打入我国市场的雅好生（IOSAN）就是以非离子表面活性剂为载体的碘伏。目前，国内已有多个厂家生产同类产品，如爱迪伏、碘福（天津）、爱好生（湖南）、威力碘、碘伏（北京）、爱得福、消毒劲，强力碘以及美国打入大陆市场的百毒消等。百毒消具有获世界专利的独特配方，有零缺点消毒剂的美称，多年来一直是全球畜牧行业首选的消毒剂。南京大学化学系研制成功的固体碘伏即PVPI，在山东、江苏、深圳均有厂家生产，商品名为安得福、安多福。碘伏高效、快速、低毒、广谱，兼有清洁剂之作用。对各种细菌繁殖体、芽孢、病毒、真菌、结核分枝杆菌、螺旋体、衣原体及滴虫等有较强的杀灭作用。在兽医临床常用于：饮水消毒，每立方米水加5%碘伏0.2克即可饮用；黏膜消毒，用0.2%碘伏溶液直接冲洗阴道、子宫、乳室等；清创处理，用浓度0.3%~0.5%碘伏溶液直接冲洗创口，清洗伤口分泌物、腐败组织。也可以用于临产前母畜乳头、会阴部位的清洗消毒。碘伏要求在pH值2~5范围内使用，如pH值为2以下则对金属有腐蚀作用。其灭菌浓度10

毫升/升（1分钟），常规消毒浓度15~75毫克/升。碘伏易受碱性物质及还原性物质影响，日光也能加速碘的分解，因此环境消毒受到限制。

3.海因类卤化衍生物消毒剂

近年来，在寻找新型消毒剂中发现，二甲基海因（5,5-二甲基乙内酰脲，DMH）的卤化衍生物均有很好的杀菌作用，对病毒、藻类和真菌也有杀灭作用。常用的有二氯海因、二溴海因、溴氯海因等，其中以二溴海因为最好。本类消毒剂应贮存在阴凉、干燥的环境中，严禁与有毒、有害物品混放，以免污染。

（1）二溴海因（DBDMH） 为白色或淡黄色结晶性粉末，微溶于水，溶于氯仿、乙醇等有机溶剂，在强酸或强碱中易分解，干燥时稳定，有轻微的刺激气味。本品是一种高效、安全、广谱杀菌消毒剂，具有强烈杀灭细菌、病毒和芽孢的效果，且具有杀灭水体不良藻类的功效。可广泛用于畜禽养殖场所及用具、水产养殖业、饮水、水体消毒。一般消毒，250~500毫克/升，作用10~30分钟；特殊污染消毒，500~1 000毫克/升，作用20~30分钟；诊疗器械用1 000毫克/升，作用1小时；饮水消毒，根据水质情况，加溴量2~10毫克/升；用具消毒，用1 000毫克/升，喷雾或超声雾化10分钟，作用15分钟。

（2）二氯海因（DCDMH） 为白色结晶粉末，微溶于水，溶于多种有机溶剂与油类，在水中加热易分解，工业品有效氯含量70%以上，氯气味比三氯异氰尿酸或二氯异氰尿酸钠小得多，其消毒最佳pH值为5~7，消毒后残留物可在短时间内生物降解，对环境无任何污染。主要作为杀菌、灭藻剂，可有效杀灭各种细菌、真菌、病毒、藻类等，可广泛用于水产养殖、水体、器具、环境、工作服及动物体表的消毒杀菌。

（3）溴氯海因（BCDMH） 为淡琥珀色结晶性粉末，可进一步加工成片剂，气味小，微溶于水，稍溶于某些有机溶剂，干燥时稳定，吸潮时易分解。本产品主要用作水处理剂、消毒杀菌剂等，具有高效、广谱、安全、稳定的特点，能强烈杀灭真菌、细菌、病毒和藻类。在水产养殖中也有广泛的运用。使用本品后，能改善水质，水中氨、氮下降，溶解氧上升，维护浮游生物优良种群，且残留物短期内可生物降解完全，无任何环境污染。使用本品时不受水体 pH 值和水质肥瘦影响，且具有缓释性，有效性持续长。

（三）氧化剂类消毒剂

此类消毒剂具有强氧化能力，各种微生物对其十分敏感，可将所有微生物杀灭。是一类广谱、高效的消毒剂，特别适合饮水消毒。主要有过氧乙酸、过氧化氢、臭氧、二氧化氯、高锰酸钾等。它们的优点是消毒后在物品上不留残余毒性，由于化学性质不稳定须现用现配，且因其氧化能力强，高浓度时可刺激、损害皮肤黏膜，腐蚀物品。

1. 过氧乙酸

过氧乙酸是一种无色或淡黄色的透明液体，易挥发、分解，有很强的刺激性醋酸味，易溶于水和有机溶剂。市售有一元包装和二元包装两种规格，一元包装可直接使用；二元包装，它是指由 A、B 两个组分分别包装的过氧乙酸消毒剂，A 液为处理过的冰醋酸，B 液为一定浓度的过氧化氢溶液。临用前一天，将 A 和 B 按 A∶B=10∶8（W/W）或 12∶10（V/V）混合后摇匀，第二天过氧乙酸的含量高达 18%~20%。若温度在 30℃左右混合后 6 小时浓度可达 20%，使用时按要求稀释用于浸泡、喷雾、熏蒸消毒。配制液应在常温下 2 天内用完，4℃下使用不得超过 10 天。过氧乙酸常用于被污染物品或皮肤消毒，用 0.2%~0.5% 过氧乙酸溶液，喷洒或擦拭表面，保持湿润，消毒 30 分钟后，用清水擦净；0.1%~0.5% 的溶液可用于消毒蛋外壳。手、皮肤消毒，用 0.2% 过氧乙酸溶液擦拭或浸洗 1~2 分钟；在无动物环境中可用于空气消毒，用 0.5% 过氧乙酸溶液，每立方米 20 毫升，气溶胶喷雾，密闭消毒 30 分钟，或用 15% 过氧乙酸溶液，每立方米 7 毫升，置瓷或玻璃器皿内，加入等量的水，加热蒸发，密闭熏蒸（室内相对湿度在 60%~80%），2 小时后开窗通风；车、船等运输工具内外表面和空间，可用 0.5% 过氧乙酸溶液喷洒至表面湿润，作用 15~30

分钟。温度越高杀菌力越强，但温度降至 -20℃时，仍有明显杀菌作用。过氧乙酸稀释后不能放置时间过长，须现用现配，因其有强腐蚀性，较大的刺激性，配制、使用时应戴防酸手套、防护镜，严禁用金属制容器盛装。成品消毒剂须避光4℃保存，容器不能装满，严禁暴晒。在搬运、移动时，应注意小心轻放，不要拖拉、摔碰、摩擦、撞击。

2. 过氧化氢

又称双氧水，为强腐蚀性、微酸性、无色透明液体，深层时略带淡蓝色，能与水任何比例混合，具有漂白作用。可快速灭活多种微生物，如致病性细菌、细菌芽孢、酵母、真菌孢子、病毒等，并分解成无害的水和氧。气雾用于空气、物体表面消毒，溶液用于饮水器、饲槽、用具、手等消毒。畜禽舍空气消毒时使用 1.5%~3% 过氧化氢喷雾，每立方米 20 毫升，作用 30~60 分钟，消毒后进行通风。10% 过氧化氢可杀灭芽孢。温度越高杀菌力越强，空气的相对湿度在 20%~80% 时，湿度越大，杀菌力越强，相对湿度低于 20%，杀菌力较差，浓度越高杀菌力越强。过氧化氢有强腐蚀性，避免用金属制容器盛装；配制、使用时应戴防护手套、防护镜，须现用现配；成品消毒剂避光保存，严禁暴晒。

3. 臭氧

一种强氧化剂，具有广谱杀灭微生物的作用，溶于水时杀菌作用更为明显，能有效地杀灭细菌、病毒、芽孢、包囊、真菌孢子等，对原虫及其卵囊也有很好的杀灭作用。还兼有除臭、增加畜禽舍内氧气含量的作用，用于空气、水体、用具等的消毒。饮水消毒时，臭氧浓度为 0.5~1.5 毫克 / 升，水中余臭氧量 0.1~0.5 毫克/升，维持 5~10 分钟可达到消毒要求，在水质较差时，用 3~6 毫克/ 升。国外报告，臭氧对病毒的灭活程度与臭氧浓度高度相关，而与接触时间关系不大。随温度的升高，臭氧的杀菌作用加强。但与其他消毒剂相比，臭氧的消毒效果受温度影响较小。臭氧在人医上已广泛使用，但在兽医上则是一种新型的消毒剂。在常温和空气相对湿度 82% 的条件下，臭氧对在空气中自然菌的杀灭率为

96.77%，对物体表面的大肠杆菌、金黄色葡萄球菌等的杀灭率为99.97%。臭氧的稳定性差，有一定腐蚀性的毒性，受有机物影响较大，但使用方便、刺激性低、作用快速、无残留污染。

4. 二氧化氯

二氧化氯在常温下为黄绿色气体或红色爆炸性结晶，具有强烈的刺激性，对温度、压力和光均较敏感。20 世纪 70 年代末期，由美国 Bio-Cide 国际有限公司找到一种方法将二氧化氯制成水溶液，这种二氧化氯水溶液就是百合兴，被称为稳定性二氧化氯。该消毒剂为无色、无味、无嗅、无腐蚀作用的透明液体，是目前国际上公认的高效、广谱、快速、安全、无残留、不污染环境的第四代灭菌消毒剂。美国环境保护部门在 20 世纪 70 年代就进行过反复检测，证明其杀菌效果比一般含氯消毒剂高 2.5 倍，而且在杀菌消毒过程中还不会使蛋白质变性，对人、畜、水产品无害，无致癌、致畸、致突变性，是一种安全可靠的消毒剂。美国食品药品管理局和美国环境保护署批准广泛应用于工农业生产，畜禽养殖、动物、宠物的卫生防疫中。在目前，发达国家已将二氧化氯应用到几乎所有需要杀菌消毒领域，被世界卫生组织列为 AI 级高效安全灭菌消毒剂，是世界粮农组织推荐使用的优质环保型消毒剂，正在逐步取代醛类、酚类、氯制剂类、季铵类，为一种高效消毒剂。国外 20 世纪80 年代在畜牧业上推广使用，国内已有此类产品生产、出售，如氧氯灵、超氯（菌毒王）等。

本品适用于畜禽活动场所的环境、场地、栏舍、饮水及饲喂用具等方面消毒。能杀灭各种细菌、病毒、真菌等微生物及藻类、原虫，目前尚未发现能够抵抗其氧化性而不被杀灭的微生物。本品兼有去污、除腥、除臭之功能，是养殖行业理想的灭菌消毒剂，现已较多地用于牛奶场、家禽养殖场的消毒。用于环境、空气、场地、笼具喷洒消毒，浓度为 200 毫克 / 升；禽畜饮水消毒，0.5 毫克 /升；饲料防霉，每吨饲料用浓度 100 毫克 / 升的消毒液 100 毫升，喷雾；笼物、动物体表消毒，200 毫克 / 升，喷雾至种蛋微湿；牲畜产房消毒，500 毫克 / 升，喷雾至垫草微湿；预防各种细菌、病毒传染，500毫克/升，喷洒；烈性传染病及疫源地消毒，1000毫克/升，喷洒。

5. 酸性氧化电位水

由日本于20世纪80年代中后期发明的高氧化还原电位（+1 100毫伏）、低pH值（2.3~2.7）、含少量次氯酸（溶解氯浓度20~50毫克/升）的一种新型消毒水。我国在20世纪90年代中期引进了酸性氧化电位水，第一台酸性氧化电位水发生器已由清华紫光研制成功。酸性氧化电位水最先应用于医药领域，以后逐步扩展到食品加工、农业、餐饮、旅游、家庭等领域。酸性氧化电位水杀菌谱广，可杀灭一切病原微生物（细菌、芽孢、病毒、真菌、螺旋体等）；作用速度快，数十秒钟完全灭活细菌，使病毒完全失去抗原性；使用方便，取之即用，无须配制；无色、无味、无刺激；无毒、无害、无任何毒副作用，对环境无污染；价格低廉；对易氧化金属（铜、铝、铁等）有一定腐蚀性，对不锈钢和碳钢无腐蚀性，因此浸泡器械时间不宜过长；在一定程度上受有机物的影响，因此，清洗创面时应大量冲洗或直接浸泡，消毒时最好事先将被消毒物用清水洗干净；稳定性较差，遇光和空气及有机物可还原成普通水（室温开放保存4天；室温密闭保存30天；冷藏密闭保存可达90天），最好近期配制使用；贮存时最好选用不透明、非金属容器；应密闭、遮光保存，40℃以下使用。

6. 高锰酸钾

强氧化剂，可有效杀灭细菌繁殖体、真菌、细菌芽孢和部分病毒。主要用于皮肤黏膜消毒，100~200毫克/升；物体表面消毒，1 000~2 000毫克/升；饲料饮水消毒，50~100毫克/升；冲洗脓腔、生殖道、乳房等的消毒，50毫克/升；浸洗种蛋和环境消毒，浓度5 000毫克/升。

（四）烷基化气体消毒剂

一类主要通过对微生物的蛋白质、DNA和RNA的烷基化作用而将微生物灭活的消毒灭菌剂。对各种微生物均可杀灭，包括细菌繁殖体、芽孢、分枝杆菌、真菌和病毒；杀菌力强；对物品无损害。主要包括环氧乙烷、乙型丙内酯、环氧丙烷、溴化甲烷等。其中环氧乙烷应用比较广泛，其他在兽医消毒上应用不广。

环氧乙烷在常温常压下为无色气体，具有芳香的醚味，当温度低于 10.8℃时，气体液化。环氧乙烷液体无色透明，极易溶于水，遇水产生有毒的乙二醇。环氧乙烷可杀灭所有微生物，而且细菌繁殖体和芽孢对环氧乙烷的敏感性差异很小，穿透力强，对大多数物品无损害，属于高效消毒剂。常用于皮毛、塑料、医疗器械、用具、包装材料、畜禽舍、仓库等的消毒或灭菌，而且对大多数物品无损害。杀灭细菌繁殖体，每立方米空间用 300~400 克作用8 小时；杀灭污染霉菌，每立方米空间用 700~950 克作用 8~16 小时；杀灭细菌芽孢，每立方米空间用 800~1 700 克作用 16~24 小时。环氧乙烷气体消毒时，最适宜的相对湿度是 30%~50%，温度以 40~54℃为宜，不应低于 18℃。消毒时间越长，消毒效果越好，一般为 8~24 小时。

消毒过程中注意防火防爆，防止消毒袋、柜泄漏，控制温、湿度，不用于饮水和食品消毒。工作人员发生头晕、头痛、呕吐、腹泻、呼吸困难等中毒症状时，应立即移离现场，脱去污染衣物，注意休息、保暖，加强监护。如环氧乙烷液体沾染皮肤，应立即用大量清水或 3% 硼酸溶液反复冲洗。皮肤症状较重或不缓解，应去医院就诊。眼睛污染者，于清水冲洗 15 分钟后点四环素可的松眼膏。

（五）酚类消毒剂

酚类消毒剂为一种最古老的消毒剂，19 世纪末出现的商品名为来苏儿的消毒剂，就是酚类消毒剂。目前国内兽医消毒用酚类消毒剂的代表品种是，20 世纪 80 年代我国从英国引进的复合酚类消毒剂——农福，国内也出现了许多类似产品，如菌毒敌（湖南）、农富复合酚（陕西）、菌毒净（江苏）、菌毒灭（广东）、畜禽安等。其有效成分是烷基酚，是从煤焦油中高温分离出的焦油酸，焦油酸中含的酚是混合酚类，所以又称复合酚。由广东省农业科学院兽医研究所研制的消毒灵是国内第一个符合农福标准的复合酚消毒药。这类消毒剂适用于禽舍、畜舍环境消毒，对各种细菌灭菌力强，对带膜病毒具有灭活能力，但对结核分枝杆菌、芽孢、无囊膜病毒（如法氏囊病毒、口蹄疫病毒）和霉菌杀灭效果不理想。酚类消毒剂受有机物影响小，适用于养殖环境消毒。酚类消毒剂的 pH 值越低，消毒效果越好，遇碱性物质则影响效力。由于酚类化合物有气味滞留，对人畜有毒，不宜用做养殖期间消毒，对畜禽体表消毒也受到限制。另外，国外也研制出可专门用于杀灭鸭球虫的邻位苯基酚。

1. 石炭酸

又称苯酚，为带有特殊气味的无色或淡红色针状、块状或三棱形结晶，可溶于水或乙醇。性质稳定，可长期保存。可有效杀灭细菌繁殖体、真菌和部分亲脂性病毒。用于物体表面、环境和器械浸泡消毒，常用浓度为 3%~5%。本品具有一定毒性和不良气味，不可直接用于黏膜消毒；能使橡胶制品变脆变硬；对环境有一定污染。近年来，由于许多安全、低毒、高效的消毒剂问世，石炭酸这种古老的消毒剂已很少应用。

2. 煤酚皂溶液

又称来苏儿，黄棕色至红棕色黏稠液体，为甲醛、植物油、氢氧化钠的皂化液，含甲酚 50%。可溶于水及醇溶液，能有效杀灭细菌繁殖体、真菌和大部分病毒。1%~2% 溶液用于手、皮肤消毒 3 分钟，目前已较少使用；3%~5% 溶液用于器械、用具、畜禽舍地面、墙壁消毒；5%~10% 溶液用于环境、排泄物及实验室废弃细菌材料的消毒。本品对黏膜和皮肤有腐蚀作用，需稀释后应用。因其杀菌能力相对较差，且对人畜有毒，有气味滞留，有被其他消毒剂取代的趋势。

3. 复合酚

一种新型、广谱、高效、无腐蚀的复合酚类消毒剂，国内同类商品较多。主要用于环境消毒，常规预防消毒稀释配比 1∶300，病原污染的场地及运载车辆可用 1∶100 喷雾消毒。严禁与碱性药品或其他消毒液混合使用，以免降低消毒效果。

（六）季铵盐类消毒剂

季铵盐类消毒剂为阳离子表面活性剂，具有除臭、清洁和表面消毒的作用。季铵盐消毒剂的发展已经历了五代。第一代是洁尔灭；第二代是在洁尔灭分子结构上加烷基或氯取代基；第三代为第一代与第二代混配制剂，如日本的 Pacoma、韩国的 Save 等；第四代为苯氧基苄基铵；第五代是双长链二甲基铵。早期有台湾派斯德生化有限公司的百毒杀（主剂为溴化二甲基二癸基铵），北京的敌菌杀，国外商品有 Deciquam222、Bromo-Sept50、以色列 ABIC 公司的 Bromo-Sept 百乐水等。后期又发展氯盐，即氯化二甲基二癸基铵，日本商品名为 Astop（DDAC），欧洲商品名为 Bardac。国内已有数种同类产品，如畜禽安、铵福、K 西安（天津）、瑞得士（山西）、信得菌毒杀（山东）、1210 消毒剂（北京、山西、浙江）等。

季铵盐类消毒剂性能稳定，pH 值在 6~8 时，受 pH 值变化影响小，碱性环境能提高药效，还有低腐蚀、低刺激性、低毒等特点，对有机质及硬水还有一定抵抗力。早期季铵盐对病毒灭活力差，但是双长链季铵盐，除对各种细菌有效外，对马立克氏病毒、新城疫病毒、猪瘟病毒等均有良好的效果。但季铵盐对芽孢及无囊膜病毒（如法氏囊病毒、口蹄疫病毒等）效力差。此类消毒剂的配伍禁忌多，使用范围受限制。季铵盐类消毒剂如果与其他消毒剂科学组成复方制剂，可弥补上述不足，形成一种既能杀灭细菌又能杀灭病毒的安全无刺激性的复方消毒制剂。目前，季铵盐类多复合戊二醛，制成复合消毒剂，从而克服了季铵盐的不足，将在兽医上有广泛的应用前景。

1. 苯扎溴铵

又称新洁尔灭或溴苄烷铵，为淡黄色胶状液体，具有芳香气味，极苦，易溶于水和乙醇，溶液无色透明，性质较稳定，价格低廉，市售产品的浓度为 5%。0.05%~0.1% 的水溶液用于手术前洗手消毒、皮肤和黏膜消毒，0.15%~2% 水溶液用于畜禽舍空间喷雾消毒，0.1% 用于种蛋消毒等。本品现配现用，确保容器清洁，

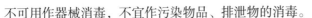

不可用作器械消毒，不宜作污染物品、排泄物的消毒。

度米芬又称消毒宁，为白色或微黄色的结晶片剂或粉剂，味微苦而带皂味，能溶于水或乙醇，性能稳定。其杀菌范围及用途与新洁尔灭相似。

2. 百毒杀

为双链季铵盐类消毒剂，双长链季铵盐代表性化合物主要有溴化二甲基二癸基铵（百毒杀）和氯化二甲基二癸基铵（1210 消毒剂），具有毒性低，无刺激性，无不良气味，推荐使用剂量对人、畜禽绝对无毒，对用具无腐蚀性，消毒力可持续 10~14 天。饮水消毒，预防量按有效药量 10 000~20 000 倍稀释；疫病发生时可按 5 000~10 000 倍稀释。畜禽舍及环境、用具消毒，预防消毒按 3 000 倍稀释，疫病发生时按 1 000 倍稀释；鸭体喷雾消毒、种蛋消毒可按 3 000 倍稀释；孵化室及设备可按 2 000~3 000 倍稀释喷雾消毒。

（七）醇类消毒剂

醇类消毒剂具有杀菌作用，随着分子量的增加，杀菌作用增强，但分子量过大水溶性降低，反而难以使用，实际工作中应用最广泛的是乙醇。

1. 乙醇

又称酒精，为无色透明液体，有较强的酒气味，在室温下易挥发、易燃。可快速、有效地杀灭多种微生物，如细菌繁殖体、真菌和多种病毒，但不能杀灭细菌芽孢。市售的医用乙醇浓度，按重量计算为 92.3%（W/W），按体积计算为 95%（V/V）。乙醇最佳使用浓度为 70%（W/W）或 75%（V/V）。配制 75%（V/V）乙醇方法：取一适当容量的量杯（筒），量取 95%（V/V）乙醇 75 毫升，加蒸馏水至总体积为 95 毫升，混匀即成；配制 70%（W/W）乙醇方法：取一容器，称取 92.3%（W/W）乙醇 70 克，加蒸馏水至总重量为 92.3 克，混匀即成。常用于皮肤消毒、物体表面消毒、皮肤消毒脱碘、诊疗器械和器材擦拭消毒。近年来，较多使用 70%（W/W）乙醇与氯己定、新洁尔灭等复配的消毒剂，效果有明显的增强作用。

2. 异丙醇

为无色透明易挥发可燃性液体，具有类似乙醇与丙酮的混合气味。其杀菌效果和作用机制与乙醇类似，杀菌效力比乙醇强，但毒性比乙醇高，只能用于物体表面及环境消毒。可杀灭细菌繁殖体、真菌、分枝杆菌及灭活病毒，但不能杀灭细菌芽孢。常用50%~70%（V/V）水溶液擦拭或浸泡5~60分钟。国外常将其与洗必泰配伍使用。

（八）胍类消毒剂

此类消毒剂中，氯己定（洗必泰）已得到广泛的应用。近年来，国外又报道了一种新的胍类消毒剂，即盐酸聚六亚甲基胍消毒剂。

1. 氯己定

又称洗必泰，为白色结晶粉末，无臭但味苦，微溶于水和乙醇，溶液呈碱性。杀菌谱与季铵盐类相似，具有广谱抑菌作用，对细菌繁殖体、真菌有较强的杀灭作用，但不能杀灭细菌芽孢、结核分枝杆菌和病毒。因其性能稳定、无刺激性、腐蚀性低、使用方便，是一种用途较广的消毒剂。0.02%~0.05%水溶液用于饲养人员、手术前洗手消毒浸泡3分钟；0.05%水溶液用于冲洗创伤；0.01%~0.1%水溶液可用于阴道、膀胱等冲洗。洗必泰（0.5%）在酒精（70%）作用及碱性条件下可使其灭菌效力增强，可用于术部消毒。但有机质、肥皂、硬水等会降低其活性。配制好的水溶液最好7天内用完。

2. 盐酸聚六亚甲基胍

为白色无定形粉末，无特殊气味，易溶于水，水溶液无色至淡黄色。对细菌和病毒有较强的杀灭作用，作用快速，稳定性好，无毒、无腐蚀性，可降解，对环境无污染。用于饮水、水体消毒除藻及皮肤黏膜和环境消毒，一般浓度为2 000~5 000毫克/升。

（九）其他化学消毒剂

1. 乳酸

一种有机酸，为无色澄明或微黄色的黏性液体，能与水或醇任意混合。本品对伤寒杆菌、大肠杆菌、葡萄球菌及链球菌具有杀灭和抑制作用。黏膜消毒浓度为 200 毫克/升，空气熏蒸消毒为 1 000 毫克/升。

醋酸为无色透明液体，有强烈酸味，能与水或醇任意混合。其杀菌和抑菌作用与乳酸相同，但比乳酸弱，可用于空气消毒。

2. 氢氧化钠

为碱性消毒剂的代表产品。浓度为 1% 时主要用于玻璃器皿的消毒，2%~5% 时，主要用于环境、污物、粪便等的消毒。本品具有较强的腐蚀性，消毒时应注意防护，消毒 12 小时后用水冲洗干净。

3. 生石灰

又称氧化钙，为白色块状或粉状物，加水后产热并形成氢氧化钙，呈强碱性。本品可杀死多种病原菌，但对芽孢无效，常用 20% 石灰乳溶液进行环境、圈舍、地面、垫料、粪便及污水沟等的消毒。生石灰应干燥保存，以免潮解失败；石灰乳应现用现配，最好当天用完。

第四节　消毒效果的检测与强化消毒效果的措施

一、消毒效果的检测

消毒的目的是为了消灭被各种带菌动物排泄于外界环境中的病原体，切断疾病传播链，尽可能地减少发病概率。消毒效果受到多种因素的影响，包括消毒剂的种类和使用浓度、消毒时的环境条件、消毒设备的性能等。因此，为了掌握消毒的效果，以保证最大限度地杀灭环境中的病原微生物，防止传染病的发生和传播，必须对消毒对象进行消毒效果的检测。

（一）消毒效果检测的原理

在喷洒消毒液或经其他方法消毒处理前后，分别用灭菌棉棒在待检区域取样，并置于一定量的生理盐水中，再以10倍稀释法稀释成不同倍数，然后分别取定量的稀释液，置于加有固体培养基的培养皿中。培养一段时间后取出，进行细菌菌落计数，比较消毒前后细菌菌落数，即可得出细菌的消除率，根据结果判定消毒效果的好坏。

消除率 = （消毒前菌落数 - 消毒后菌落数）/ 消毒前菌落数 × 100%

（二）消毒效果检测的方法

1. 地面、墙壁和顶棚消毒效果的检测

（1）棉拭子法　用灭菌棉拭子蘸取灭菌生理盐水分别对禽舍地面、墙壁、顶棚进行未经任何处理前和消毒剂消毒后2次采样，采样点为至少5块相等面积（3厘米 × 3厘米）。用高压灭菌过的棉棒蘸取含有中和剂（使消毒药停止作用）的0.03摩尔/升的缓冲液中，在试验区事先划出的3厘米 × 3厘米面积内轻轻滚动涂抹，然后将棉棒放在生理盐水管中（若用含氯制剂消毒时，应将棉棒放在15%的硫代硫酸钠溶液中，以中和剩余的氯），然后投入灭菌生理盐水中。振荡后将洗液样品接种在普通琼脂培养基上，置37℃恒温箱培养18~24小时后进行菌落计数。

（2）影印法　将50毫升注射器去头并灭菌，无菌分装普通琼脂制成琼脂柱。分别对鸭舍地面、墙壁、顶棚各采样点进行未经任何处理前和消毒剂消毒后2次影印采样，并用灭菌刀切成高度约1厘米厚的琼脂柱，正置于灭菌平皿中，于37℃恒温箱培养18~24小时后进行菌落计数。

2. 对空气消毒效果的检查

（1）平皿暴露法　将待检房间的门窗关闭好，取普通琼脂平板4~5个，打开盖子后，分别放在房间的四角和中央暴露5~30分钟，根据空气污染程度而定。取出后放入37℃恒温箱培养18~24小时，计算生长菌落。消毒后，再按上述方法在同样地点采样培养，根据消毒前后细菌数的多少，即可按上述公式计算出空气的消毒效果。但该方法只能捕获直径大于10微米的病原颗粒，对体积更小、流行病学意义更大的传染性病原颗粒很难捕获，故准确性差。

（2）液体吸收法　先在空气采样瓶内放 10 毫升灭菌生理盐水或普通肉汤，抽气口上安装抽气唧筒，进气口对准欲采样的空气，连续抽气 100 升，抽气完毕后分别吸取其中液体 0.5 毫升、1 毫升、1.5 毫升，分别接种在培养基上培养。按此法在消毒前后各采样 1 次，即可测出空气的消毒效果。

（3）冲击采样法　用空气采样器先抽取一定体积的空气，然后强迫空气通过狭缝直接高速冲击到缓慢转动的琼脂培养基表面，经过培养，比较消毒前后的细菌数。该方法是目前公认的标准空气采样法。

（三）结果判定

如果细菌减少了 80% 以上为良好，减少了 70%~80% 为较好，减少了 60%~70% 为一般，减少了 60% 以下则为消毒不合格，需要重新消毒。

二、强化消毒效果的措施

（一）制订合理的消毒程序并认真实施

在消毒操作过程中，影响消毒效果的因素很多，如果没有一个详细、全面的消毒计划并严格落实实施，消毒的随意性大，就不可能收到良好的消毒效果。

1. 消毒计划（程序）

消毒计划（程序）的内容应该包括消毒的场所或对象，消毒的方法，消毒的时间次数，消毒药的选择、配比稀释、交替更换，消毒对象的清洁卫生以及清洁剂或消毒剂的使用等。

2. 执行控制

消毒计划落实到每一个饲养管理人员，严格按照计划执行并要监督检查，避免随意性和盲目性；要定期进行消毒效果检测，通过肉眼观察和微生物学的监测，以确保消毒的效果，有效减少或排除病原体。

（二）选择适宜的消毒剂和适当的消毒方法

见本章第三节有关内容。

（三）职业防护与生物安全

无论采取哪种消毒方式，都要注意消毒人员的自身防护。消毒防护首先要严格遵守操作规程和注意事项，其次要注意消毒人员以及消毒区域内其他人员的防护。防护措施要根据消毒方法的原理和操作规程有针对性。例如，进行喷雾消毒和熏蒸消毒就要穿上防护服，戴上眼镜和口罩；进行紫外线的照射消毒，室内人员都应该离开，避免直接照射。在干热灭菌时防止燃烧；压力蒸汽灭菌时防止爆炸事故及操作人员的烫伤事故；使用气体化学消毒时，防止有毒消毒气体的泄漏，经常检测消毒环境中气体的浓度，多环氧乙烷气体还应防止燃烧、爆炸事故；接触化学消毒剂时，防止过敏和皮肤黏膜损伤等。对进出鸭场的人员通过消毒室进行紫外线照射消毒时，眼睛不能看紫外线灯，避免眼睛被灼伤。常用的个人防护用品可以参照国家标准进行选购，防护服应配帽子、口罩、鞋套，并做到防酸碱、防水、防寒、挡风、保暖、透气。

第二章
鸭场卫生隔离与消毒技术

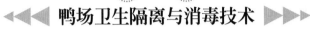

第一节 消毒的原则与常用消毒方法

一、鸭场消毒的原则

1.经常性的消毒

在养鸭场的入口处应设立消毒池。内贮消毒液，人员和车辆进出时必须通过消毒池对鞋底和车轮进行消毒；人员要在更衣室更换工作服、帽子和胶靴，用消毒水清洗和消毒双手，人体应在紫外灯照射下消毒10分钟。鸭舍、用具和运动场必须每天打扫并清洗，把鸭粪和被污染的填料运出鸭场做堆肥。每周在清扫结束后用百毒杀或次氯酸钠消毒液对整个鸭场至少消毒1次。消毒液的浓度要严格按照说明书中的规定配制。此外，在孵化车间和屠宰车间也应按制度做好经常性的消毒工作。

2.突击性消毒

当有疫情发生时，除了要做好封锁、隔离和死鸭的无害化处理工做外，还要及时组织全场进行彻底的大扫除和消毒，尽可能地消灭病原微生物。百毒杀和次氯酸钠消毒剂在使用时对人和动物都很安全，可以用喷雾的方法带鸭消毒，一般可每天消毒1次，甚至连饮水都应进行消毒。

3.贯彻执行"全进全出制"

鸭场绝对不能把雏鸭、仔鸭和种鸭或其他禽类混养在一起，也就是说育雏室专门育雏，仔鸭培育室只养仔鸭，种鸭场专门养种鸭。这样在每批鸭饲养结束后，就能对养鸭场进行彻底的大扫除和消毒，并在鸭场无鸭只存在的情况下"冷棚"（即空栏）3周，重新严格消毒后，再饲养下一批鸭。这种"全进全出"的制度能彻底消灭病原微生物，切断病原体的传染途径，有效地保证鸭群的健康成长。

二、鸭场常用的消毒方法

1. 物理学消毒法

利用紫外线进行消毒，如将用具放在阳光下暴晒、进场人员用紫外线灯照射消毒；高温消毒，如使用火焰喷灯、煮沸以及熏蒸等方法对鸭舍、设备、器具等进行消毒；焚烧是最彻底的消毒方法，可用于垫料、尸体、死胚蛋和蛋壳等的消毒；打扫、洗刷、通风等机械消毒方式可以把附着在鸭舍、用具和地面上的病原体清除掉，随后可以再对除掉的污物进行消毒。

2. 化学消毒法

通常将可杀灭病原微生物或使之失去危害性的化学药物统称为消毒剂，一般采用喷洒、浸泡等方法。使用消毒剂，首先需要选用对特定病原微生物敏感的消毒剂；其次要按规定的浓度使用（通常在一定浓度范围内，消毒效果和药物浓度成正比）。浓度过低对病原体起不到杀灭作用，浓度过高则造成浪费，甚至抑制消毒效果。此外，使用消毒剂时要求温度在20~40℃、作用时间在30分钟以上，才能杀灭病原体；同时还要尽量减少环境中有机物（如粪便等）的含量，因为有机物能与消毒剂结合而使之失效。

消毒药物应严格按照产品的说明来使用，不可随意加大用量，也不可频繁进行消毒。消毒药物大多为化学产品，有腐蚀性和刺激性，其挥发性物质会刺激、伤害鸭的器官，引发一系列疾病，尤其是呼吸道疾病。过于频繁的消毒会使空气湿度过大，不利于鸭的健康生长。另外，还应注意不要长期使用单一的消毒药品，各种消毒药物、消毒方法交替使用，配合使用，消毒效果更佳。当多种消剂混合使用时要避免拮抗现象的出现，即避免多种药物互相作用而降低消毒效果（如酸性和碱性的消毒剂混合使用时，由于发生中和反应而使药效大为下降）。例如氢氧化钠、生石灰等为碱性，而过氧乙酸为酸性，不能混合使用；含氯消毒剂不可与过氧乙酸等酸性消毒剂混用，二者混用会产生有毒的气体。

3. 生物学消毒法

即利用某些厌氧微生物对鸭场废弃物中有机质分解发酵所产生的生物热，来达到杀灭病原微生物的目的。常用于粪便、垫料和尸体的处理。一般采用堆沤法，将粪便、垫料和尸体运到距鸭舍百米外的地方，在较坚实的地面上堆成一堆，外盖10~20厘米厚的土层，经1~2个月时间，堆中的病原微生物可被杀灭，而堆积物将成为良好的农家肥。地上堆肥还有台式、坑式之分，此外还有地面泥封堆肥、药品促沤堆肥等方法。

第二节　鸭场的卫生隔离

一、鸭场消毒和隔离的要求

1. 消毒隔离的意义

隔离是指把养鸭生产和生活的区域与外界相对分隔开，避免各种传播媒介与鸭的接触，减少外界病原微生物进入鸭的生活区，从而切断传播途径。隔离应该从全方位、立体的角度进行。

2. 消毒隔离设施

（1）鸭场选址与规划中的隔离　鸭场选址时要充分考虑自然隔离条件，与人员和车辆相对集中、来往频繁的场所（如村镇、集市、学校等）要保持相对较远的距离，以减少人员和车辆对鸭养殖场的污染；远离屠宰场和其他养殖场、工厂等，以减少这些企业所排放的污染物对鸭的威胁。

比较理想的自然隔离条件是场址处于山窝内或林地间，这些地方其他污染源少，外来的人员和车辆少，其他家养动物也少，鸭场内受到的干扰和污染概率低。对于农村养鸭场的选址，也可考虑在农田中间，这样在鸭场四周是庄稼，也能起到良好的隔离保护效果。

（2）鸭舍建造的隔离设计　鸭舍建造时要注意，要让护栏结构能有效阻挡老鼠、飞鸟和其他动物、人员进入。鸭舍之间留有足够的距离，能够避免鸭舍内排出的污浊空气进入相邻的鸭舍。

（3）隔离围墙与隔离门　为了有效阻挡外来人员和车辆随意进入鸭饲养区，要求鸭场周围设置围墙（包括砖墙和带刺的铁丝网等）。在鸭场大门、进入生产区的大门处都要有合适的阻隔设备，能够强制性地阻拦未经许可的人员和车辆进入。对于许可进入的人员和车辆，必须经过合理的消毒环节后方可从特定通道入内。

（4）绿化隔离　绿化是鸭场内实施隔离的重要举措。青草和树木能够吸附大量的粉尘和有害气体及微生物，能够阻挡鸭舍之间的气流流动，调节场内小气候。按照要求，在鸭场四周、鸭舍四周、道路两旁都要种植乔木、灌木和草，全方位实行绿化隔离。

（5）水沟隔离　在鸭场周围开挖水沟或利用自然水沟建设鸭场，是实施鸭场与外界隔离的另一种措施。其目的也是阻挡外来人员、车辆和大动物的进入。

3. 场区与外界的隔离

（1）与其他养殖场之间保持较大距离　任何类型的养殖场都会不断地向周围排放污染物，如氮、磷、有害元素、微生物等。养殖场普遍存在蚊蝇、鼠雀，而这些动物是病原体的主要携带者，它们的活动区域集中在场区内和外围附近地区。与其他养殖场保持较大距离就能够较好地减少由于刮风、鼠雀和蚊蝇活动把病原体带入本场内。

（2）与人员活动密集场所保持较大距离　村庄、学校、集市是人员和车辆来往比较频繁的地方。而这些人员和车辆来自四面八方，很有可能来自疫区。如果鸭场离这些场所近，则来自疫区的人员和车辆所携带的病原体就可能扩散到场区内，威胁本场鸭的安全。另外，与村庄和学校近，养鸭场所产生的粪便、污水、难闻的气味、滋生的蚊蝇、老鼠等都会给人的生活环境带来不良影响。此外，离村庄太近，村庄内养的家禽也有可能会跑到鸭场来，而这些散养的家禽免疫接种不规范，携带病原体的可能性很大，会给养鸭场带来极大的疫病威胁。

（3）与其他污染源产生地保持较大距离　动物屠宰加工厂、医院、化工厂等所产生的废物、废水、废气中都带有威胁动物健康的污染源，如果养鸭场离这些场所太近，也容易被污染。

（4）与交通干线保持较大距离　在交通干线上每天来往的车辆多，其中就有可能有来自疫区的车辆、运输畜禽的车辆以及其他动物产品的车辆。这些车辆在通行的时候，随时都有可能向所通过的地方排毒，对交通干线附近造成污染。从近年来家禽疫病流行的情况看，与交通干线相距较近的地方也是疫病发生比较多的地方。

（5）与外来人员和车辆、物品的隔离　来自本场以外的人员、物品和车辆都有可能是病原体的携带者，也都可能会给本场的安全造成威胁。生产上，外来人员和车辆是不允许进入养鸭场的，如果确实必须进入，则必须经过更衣、淋浴、消毒，才能从特定的通道进入特定的区域。外来的物品一般只在生活和办公区使用，需要进入生产区的也必须进行消毒处理。其中，从场外运进来的袋装饲料在进入生产区之前，有条件的也要对外包装进行消毒处理。

4.场区内的隔离

（1）管理人员与生产一线人员的隔离　饲养人员是指直接从事鸭饲养管理的人员，一般包括饲养员、人工授精人员和生产区内的卫生工作人员。非直接饲养人员则指鸭场内的行政管理人员、财务人员、司机、门卫、炊事员和购销人员等。

非直接饲养人员与外界的联系较多，接触病原的机会也较多，因此，减少他们与饲养人员的接触也是减少外来病原进入生产区的重要措施。

（2）不同生产小区之间的隔离　在规模化养鸭场会有多个生产小区，不同小区内饲养不同类型的鸭（主要是不同生理生长阶段或性质的鸭），而不同生理阶段的鸭对疫病的抵抗力、平时的免疫接种内容、不同疫病的易感性、粪便和污水的产生量都有差异，因此，需要做好相互之间的隔离管理。

小区之间的隔离首先要求每个小区之间的距离不少于 30 米。在隔离带内可以设置隔离墙或绿化隔离带，以阻挡不同小区人员的相互来往。每个小区的门口都要设置消毒设施，以便于出入该小区的人员、车辆与物品的消毒。

（3）饲养管理人员之间的隔离　在鸭场内不同鸭舍的饲养人员不应该相互来往，因为不同鸭舍内鸭的周龄、免疫接种状态、健康状况、生产性质等都可能存在差异，饲养人员的频繁来往会造成不同鸭舍内疫病相互传播的危险。

（4）不同鸭舍之间物品的隔离　与不同鸭舍饲养人员不能相互来往的要求一样，不同鸭舍内的物品也会带来疫病相互传播的潜在威胁。要求各个鸭舍饲养管理物品必须固定，各自配套。公用的物品在进入其他鸭舍前必须进行消毒处理。

（5）场区内各鸭舍之间的隔离　在一般的养鸭场内部可能会同时饲养有不同类型或年龄阶段的鸭。尽管在养鸭场规划设计的时候进行了分区设计，使相同类型的鸭集中饲养在一个区域内，但是它们之间还存在相互影响的可能。例如，鸭舍在使用过程中由于通风换气，舍内的污浊空气（含有有害气体、粉尘、病原微生物等）向舍外排放，若各鸭舍之间的距离较小，则从一栋鸭舍内排放出的污浊空气就会进入到相邻的鸭舍，造成舍内鸭被感染。

（6）严格控制其他动物的滋生　鸟雀、昆虫和啮齿类动物在鸭场内的生活密度要比外界高 3~10 倍，它们不仅是疾病传播的重要媒介，而且会使平时的消毒效果显著降低。同时，这些动物还会干扰家禽的休息，造成惊群，甚至吸取鸭的血液。因此，控制这些动物的滋生是控制鸭病的重要措施之一。

预防鸟雀进入鸭舍的主要措施包括：把屋檐下的空隙堵严实、门窗外面加罩金属网。预防蚊蝇的主要措施是：减少场区内外的积水，粪便要集中堆积发酵；下水道、粪便和污水要定期清理消毒，喷洒蚊蝇杀灭药剂；减少粪便中的含水率等。老鼠等啮齿类动物的控制则主要靠堵塞鸭舍外围护结构上的空隙，定期定点放置老鼠药等。

二、严格卫生隔离和消毒制度

（一）消毒制度

养鸭场应建立严格的消毒制度，定期进行养鸭场内外环境消毒、体表消毒和饮用水消毒，杜绝一切传染源。

1. 主要通道口与养鸭场区的消毒

主要通道口必须设置消毒池，消毒池的长度为进出车辆车轮2个周长以上。消毒池上方最好建有顶棚，防止日晒雨淋。消毒液常采用2%~4%的氢氧化钠溶液，每周更换3次。北方地区冬季严寒，可用石灰粉代替消毒液。平时应做好场区的环境卫生工作，经常使用高压水洗净，每月对养鸭场环境进行一次环境消毒。每栋鸭舍的门前也要设置脚踏消毒槽，并做到每周至少更换2次消毒液。进出鸭舍应换穿不同的专用橡胶长靴，将换下的靴子洗净后浸泡在另一消毒槽中，并进行洗手消毒，穿戴消毒过的工作衣帽进入鸭舍。有条件的可在生产区出入口处设置喷雾装置，其喷雾粒子直径为80~100微米，辐射面11.5~2米，射程2~3米，喷雾动力10~15千克。喷雾消毒液可采用0.1%新洁尔灭或0.2%过氧乙酸。

2. 鸭舍的消毒

为了获得确实的消毒效果，鸭舍全面消毒应按一定的顺序进行。一般是：鸭舍排空、清扫、洗净、干燥、消毒、干燥后再消毒。鸭群更新的原则是"全进全出"。将所有的鸭尽量在短期内全部清转，对不同日龄共存的，可将某一日龄的鸭舍及附近的鸭舍排空。鸭舍排空后，清除饮水器、饲槽及运动场的残留物、污水，对风扇、通风口、天花板、横梁、吊架、墙壁等部位的尘土进行清扫，然后清除所有垫料、粪肥。清扫前可事先用清水或消毒液喷洒，防止尘土飞扬，清除的粪便、灰尘集中处理。经过清扫后，用动力喷雾器或高压水枪进行洗净，洗净按照从上至下、从里至外的顺序进行。对较脏的地方，可事先进行人工刮除，要注意对角落、缝隙、设施背面的冲洗，做到不留死角，真正达到清洁。鸭舍经彻底洗净、检修维护后即可进行消毒。为了提高消毒效果，一般要求禽舍消毒使用 2 种或 3 种不同类型的消毒药进行 2~3 次消毒。通常第一次使用碱性消毒药，第二次使用表面活性剂类、卤素类、酚类等消毒药，第三次常采用甲醛熏蒸消毒。

3. 运载工具、种蛋的消毒

蛋箱、雏鸭箱和鸭笼等频繁出入鸭舍，必须经过严格的消毒。所有运载工具应事先洗刷干净，干燥后进行熏蒸消毒后备用。种蛋收集后经熏蒸消毒后方可进入仓库或孵化室。

4. 用水消毒

鸭是水禽，使用污染的水对鸭的危害更为严重，鸭的饮水应清洁无毒、无病原菌，符合国家畜禽饮用水质量指标。生产中使用的自来水、深井水是干净的，但进入鸭舍后，由于暴露在空气中，舍内空气、粉尘、羽绒、饲料中的细菌造成饮用水二次污染，运动场水池的水更是如此。因此，应定期清洗水槽、水池，使用药物进行消毒。目前用于饮水消毒的药物主要是氯制剂、碘制剂或季铵化合物等。

（二）隔离制度

选址必须远离动物生产、屠宰、经营，动物产品加工、经营场所，符合政府有关部门的总体规划和布局要求；其建筑布局、设施设备、用具符合动物防疫要求；隔离场的出入口有消毒设施、设备；有车辆、圈舍等器具场所的清洗消毒设施、设备；有隔离动物的排泄物等污水、污物及病死动物无害化处理的设施、设备；饲养、诊疗人员无人畜共患病，持有《个人健康证明》；防疫制度健全。

第三节　鸭场常规消毒关键技术

一、空鸭舍的消毒

一般来说，空舍消毒的重要性通常得不到足够的重视，但是，将鸭舍空置一段时间，对于保证良好的卫生条件至关重要。在上一群鸭转走后，鸭舍具有较高的微生物污染水平，而且其与曾经饲养过的种鸭及其所产生的健康问题都有很大的关系。仅清除垫料和粪便还不足以保证良好生产成绩所要求的微生物污染水平。在空舍消毒时，任何物品都不能被忽视，包括周围的环境以及有关附属物。

（一）清除垫料之前鸭舍的准备

空舍消毒工作应在鸭刚刚离开之时就开始，趁鸭群离开不久、舍温未降之时就应该进行病虫害的防治。将资料归档，搬出上一批鸭用过的物品和设备。拆除和移动一些建筑设施。拆除尽可能多的设施从而使垫料的清除更为方便，然后再冲洗鸭舍。如果可能，应尽量地把有关设施留在舍内以避免污染周围环境，具体步骤详见表2-1。

表2-1　清除种鸭舍垫料之前设施的拆除与冲洗

设施	采取措施	存放位置
通风设备	吹净或刷净灰尘	干燥贮藏室
加热系统，辐射型加热器	拆卸并去灰	干燥贮藏室
喂料系统	在垫料上清空喂料系统，清理喂料螺旋、料仓和输送线	室内或室外
隔板或漏缝地板	拆卸并刮净	室内或室外
建筑物骨架	去灰或用水龙头洗净	室内或室外

周围区域的清理。在清除垫料或冲洗各种设施时，为防止周围环境和人行通道受到污染，应采取下列措施（表2-2）。

表2-2　鸭舍周围环境和入口通道的消毒措施

位置	采取措施	使用产品
鸭舍出入口前的平台	建议采用水泥平台，清理所有杂物并消毒	生石灰
墙边	需要时，割除杂草保证至墙边和风机的通道顺畅，并提高消毒效力	除草剂
通道	对垫料运输车经过的通道进行消毒	生石灰
鼠害控制	鸭舍清空后应注意防鼠	鼠饵

（二）饮水系统的清洗和消毒

水质是保证养殖成功的关键。供水系统应定期冲洗（通常每周1~2次），可防止水管中沉积物的积聚。在集约化养殖场实行全进全出制时，于新鸭群入舍之前的空舍期，在进行鸭舍清洁的同时，也应充分擦洗饮水系统，尽量去除菌膜等生物膜，从而在一个健康卫生的环境中迎接新一批鸭的到来。通常可先采用高压水冲洗供水管道内腔，而后加入清洁剂，经约1小时后，排出药液，再以清水冲洗。清洁剂通常分为酸性清洁剂（如柠檬酸、醋等）和碱性清洁剂（如氨水）两类。使用清洁剂可除去供水管道中沉积的水垢、锈迹、水藻等，并与水中的钙或镁相结合。此外，在采用经水投药防治疾病时，于经水投药之前2天和用药之后2天，也应使用清洁剂来清洗供水系统。洪水期或不安全的情况下，井水用漂白粉消毒。使用饮水槽的养殖场最好每隔4小时换1次饮水，保持饮水清洁，饮水槽和饮水器要定期清理消毒。

空舍消毒期间饮水系统的清洗和消毒方法见表2-3。

表2-3　鸭舍饮水系统的清洗和消毒程序

采取措施的时间	采取措施	使用产品
鸭群刚离开时	在垫料上放干供水系统，拆卸饮水设备清洗并放干管路	碱液（1小时）
清除垫料前	除垢并放干管路	酸液（最低6小时）
	清水冲洗2次	清水
	空舍期用消毒剂消毒	碘基消毒剂
冲洗房舍时	清洗小饮水设备和水管外壁	规范的真菌、细菌和病毒消毒剂
液体消毒时	对小型设备单独消毒并存放于舍内或干净处	
气体消毒前	将小型设备放回去	
新鸭群入舍前	把水放空，冲洗几次，然后充满清水。完全放空饮水器管道，并让乳头滴水清去内部残渣，通过把管线末端的水流到白盘里检查清洗的效果，建议参考饮用水标准检测水质的化学和微生物学指标	

（三）清除垫料

鸭离开鸭舍之后，应该立即清除垫料。此时，应遵循如表2-4的规定。

表2-4　鸭舍垫料清除时的注意事项

检查项目	指导方针
清除垫料的设备	采用合适的设备尽快清除垫料，并且尽量减少对周围环境的污染
人行通道和机械通道	在房舍周围及拖车经过的通道撒上生石灰
粪池	不能忽略清理粪池
最后测试	肉眼检查确保只有极少的有机材料残余，可能最后需要清扫一遍

（四）浸泡和冲洗

用于冲洗的水质细菌指标应达到饮用级。冲洗后的水应该流集到废水池中以防污染周围土壤。在污水汇集、选用冲洗及消毒的化工产品时，要符合相关的规定。消毒剂量要正确，超剂量应用并不能达到更好的效果。

鸭舍设施的浸泡和冲洗程序见表2-5。

表2-5　鸭舍设施的浸泡和冲洗程序

按时间顺序	指导方针	使用产品
浸泡	从上至下，屋脊、顶棚、墙壁、基柱然后地面或漏缝地板（漏缝地板需要浸泡几小时）	
泡沫剂	此类产品利于清洗，减少菌膜	去油污泡沫剂
小设备的清洗	单独冲洗所有设备，包括饮水器、料槽和产蛋箱等，然后置于干净并消毒过的房间	清水
房舍清洗	使用高压水枪，易于水的分散	清水
墙边和通风系统	应考虑将活板门及可拆卸的系统分拆，利于冲洗	清水
料仓	将料仓或贮料室内部冲洗或去灰	清水
肉眼检查	肉眼检查冲洗质量非常重要	

（五）液体消毒和空舍静置

建筑物的维修和新的作业都要在冲洗后和消毒前完成。电力、饮水和喂料系统等内部安装应在消毒前确定完成，所有设备都要安装完毕。空舍静置应从第一次液体消毒结束之后开始。在鸭舍空置期间，应尽量减少舍内作业。一直等到下一批鸭到来之前1~2天进行气体消毒。如果舍内使用垫料，垫草应在气体消毒之前就放进鸭舍，从而能对其表面进行消毒。液体消毒程序见表2-6。

表2-6 鸭舍液体消毒程序

按时间顺序	采取措施	使用产品
将设备放回舍内	安装设备便于消毒和以后动物使用	
恢复防疫屏障	重新安好入口区域设施,穿上特制的外套(靴、防疫服等)	确保有肥皂(如有淋浴,应备有洗发液)
小设备的消毒	单独浸泡	规范的真菌、细菌和病毒液体消毒剂
周围环境的消毒	撒生石灰或火碱,避免交通工具或人员流动带来的交叉污染	生石灰用量500千克/1 000米²,火碱用量75千克/1 000米²
建筑物骨架的消毒	喷雾或用泡沫喷枪进行液体消毒,不能忽视难以到达的通风设备和气闸及其他附属物件等死角	规范的真菌、细菌和病毒液

(六)气体消毒和最后测试

最后的气体消毒程序见表2-7。

表2-7 鸭舍的气体消毒程序

按时间顺序	采取措施	使用产品
料仓或储料区	熏蒸消毒	真菌消毒熏蒸器
气体消毒	液体消毒剂达不到的地方采用气体消毒,保证房舍密闭,消毒剂不外泄	规范的真菌、细菌和病毒气体消毒剂
病虫害控制	气体消毒时可同时加上气体杀虫剂(要检查能否配伍),否则用液体杀虫剂对墙角和粪池底部消毒	能配伍的气体杀虫剂和消毒剂
细菌检测	最终进行细菌学检测以确保消毒效果	

  综上所述,鸭场的空舍消毒远远不是仅仅空置鸭场。尽管舍内没有鸭,但它是鸭场良好效益的一个重要组成部分。从经济角度

看，良好的清洗和消毒比事后动物饲养过程中发生疾病再治疗所需的成本低。必须保证所有器械的卫生质量和动物健康，否则最终就会降低鸭场的经济效益，产品的形象也将受到影响。尽量少用抗生素和其他兽药产品，不但保护了动物种群，也保护了我们人类自身。

二、带鸭消毒

（一）带鸭消毒的重要性

定期用消毒药液对鸭舍的空间、鸭体进行喷雾带鸭消毒，是养鸭成功的关键。

带鸭消毒技术几乎所有养鸭人都懂，喷雾消毒，谁不会啊？但做得好与不好、消毒彻底不彻底，差距会很大。这直接关系到鸭舍中污染病原体的数量、空气的质量等，当然直接关系到鸭群受到疾病威胁的程度，也就决定了养鸭能否成功。创造良好的鸭舍环境，对保障鸭群健康至关重要。

带鸭消毒不能使鸭舍环境达到百分之百的洁净，由于是项经常性的工作，环境中的细菌含量会越来越少，比起不消毒的鸭舍，鸭群的发病机会就会很低。

带鸭消毒能有效抑制舍内氨气的发生和降低氨气浓度，可很大程度地减少灰尘的弥漫，净化空气；可杀灭多种病原微生物，尤其是能防止因空气传播的病，如禽流感，以及环境性细菌疾病，如葡萄球菌病、大肠杆菌病、禽霍乱、绿脓杆菌病等；夏季还有防暑降温、春季可增加舍内湿度等作用，好处很多。

（二）带鸭消毒的方法

1. 次数

消毒时间一般在 10 日龄以后即可实施带鸭消毒，以后根据具体情况而定。一般育雏期每日消毒一次，育成期每周消毒 2 次，成年鸭每周 2~3 次，发生疫情时每天消毒 1 次。

2. 药物选择

带鸭消毒对药品的要求比较严格，并非所有的消毒药都能用。

选择消毒药的原则：一是必须广谱、高效、强力；二是对金属和塑料制品的腐蚀性小；三是对人和鸭的吸入毒性、刺激性、皮肤吸收性小，无异臭，不会渗入或残留在肉和蛋中。

养鸭生产中常用的消毒剂有：消毒灵、新洁尔灭、百毒杀、爱迪伏、菌毒敌、复合酚、农福、碘制剂等。消毒药物也有抗生素一样存在耐药性问题。一种消毒药在一个鸭场使用时间长了就会效果不好，甚至和没有消毒一样，疾病多发。可能就是细菌对这种消毒药已经产生了耐药性。为了防止细菌对消毒药的耐药，一般的做法是，交换轮替用药，就是每一种药用一周，随后换一种药，一周后再换药或还使用原来的药。一个月内 2~3 种消毒药轮替使用，效果比较好。但也不必每天换药。

3. 药液配制

消毒药液应使用自来水或井水。各种消毒药品都有适宜的有效浓度，要按照使用要求合理配制药液。加入消毒药后，应充分搅拌，使其充分溶解。

水温的提高能加速药物溶解并增强消毒效果，但水也不能太热，温水即可，45℃以下。夏季直接用冷水配制，冬季为了不降低舍温，一般都用温水。消毒药要现用现配，不宜久存，应 1 次用完，以免药效因分解而降低。

4. 喷雾的方法

正确喷药的对象包括舍内一切物品、设备、鸭群和空间。

消毒器械一般选用雾化效果良好的高压动力喷雾器，如没有条件也可用背负式农用喷雾器。而喷花用的手持式小喷雾器是不能做带鸭消毒的，太小对空间消毒作用太微不足道。高压动力喷雾器安全性强，操作简单。

消毒时喷头应尽量高举，朝鸭舍上方喷雾，喷头在面前横向移动一个来回即可，并随人慢慢行进，不必频繁晃动喷头。要保证鸭舍的各个角落都要喷到，切忌直对鸭头喷雾。

如果使用的喷雾器喷头雾滴粒子可以调节，雾粒大小应控制在80~120 微米。雾粒太小易被鸭吸入呼吸道，引起肺水肿，甚至诱发呼吸道疾病；雾粒太大易造成喷雾不均匀，雾滴粒子快速落下。

喷雾的水量，每立方米空间用 15~20 毫升消毒液。地区不同、气候不同，空气的干燥程度不同，所用水量没有统一标准。南方地区湿度大，用水量要少，北方气候干燥，用水量要适当多些；夏季用水量少些，冬季用水多些。以地面、墙壁、天花板均匀湿润、家禽体表微湿的程度为最好。

如果用的是农用喷雾器，压力一定要足，这样出来的雾滴粒子才能比较小，但还是达不到要求。

当然，环境的基本清洁是个前提，平时要经常打扫鸭舍，清除鸭粪、羽毛、垫料、屋顶蜘蛛网及墙壁、地面、物品上的尘土。对一些可有可无的物品，应清出鸭舍。

有机物的存在是会影响消毒效果的，如粪便、鸭毛等，故消毒前必须清扫干净，才能保证消毒的效果。

（三）注意事项

① 活疫苗免疫接种前后共 3 天内停止带鸭消毒，以防影响免疫效果。

② 为减少应激，喷雾消毒时间最好固定，让鸭群有个习惯适应，且应该在暗光下或在傍晚时进行。

③ 喷雾时应选择无风或风小的时间，或者关闭门窗，消毒后应加强通风换气，便于鸭体表及鸭舍干燥。

④ 根据不同消毒药的消毒作用、特性、成分、原理，最好有几种消毒药交替使用。一般情况下，一种药剂连续使用 2~3 次后，就要更换另外一种药剂，以防病原微生物对消毒药产生耐药性，影响消毒效果。

⑤ 带鸭消毒会降低鸭舍温度，冬季应先适当提高舍温或直接用 40℃左右的温水喷药消毒。

三、鸭运动场地面、土坡的消毒

病鸭停留过的圈舍、运动场地面、土坡，应该立即清除粪便、垃圾和铲除表土，倒入沼气池进行发酵处理。没有沼气池的，粪便、垃圾、铲除的表土按 1：1 的比例与漂白粉混合后深埋。处理后的地面还需喷洒消毒：土地面用 1 000 毫升 / 米² 消毒液喷洒，水泥地面按 800 毫升 / 米² 消毒液喷洒；牧场被污染严重的，可以空舍一段时间，利用阳光或种植某些对病原体有杀灭力的植物（如大蒜、大葱、小麦、黑麦等），连种数年，土壤可发生自洁作用。

四、鸭场水塘消毒

由于病鸭的粪便直接排在水塘里，鸭场水塘污染一般比较严重，有大量的病菌和寄生虫，往往造成鸭群疫病流行。所以，要经常对水塘消毒，常年饲养的老水塘，还需要定期清塘。鸭塘消毒和清塘方法，可以参考鱼塘消毒与清塘方法。

1. 平时消毒

按每亩水深 1 米的水面，用含氯量 30% 的漂白粉 1 千克全塘均匀泼洒，夏季每周 1 次，冬季每月 1 次；或者每亩水深 1 米的水面，用生石灰 20 千克化水全池均匀泼洒，夏季每周 1 次，冬季每月 1 次可预防一般性细菌病。夏季每月用硫酸铜与硫酸亚铁合剂（5：2）全池泼洒，可杀灭寄生虫和因水体过盛产生的蓝绿藻类。

2. 清塘

清塘时使用高浓度药物，可彻底地杀灭潜伏在池塘中的寄生虫和微生物等病原体，还可以杀灭传播疾病的某些中间宿主，如螺、蚌以及青泥苔、水生昆虫、蝌蚪等。由于清塘时使用了高浓度消毒药，鸭群不可进入，必须等待一定时间，换水并检测，确定对鸭体无伤害后方可进鸭。清塘方法：先抽干池塘污水，再清除池塘淤泥，最后按每亩（水深 1 米）用生石灰 125~150 千克，或者漂白粉13.5 千克，全塘泼洒。

五、人员、衣物等消毒

本场人员若不经意去过有传染病发生的地方，则须对人员进行消毒隔离。在日常工作中，饲养员进入生产区时，应淋浴更衣，换工作服，消毒液洗手，踩消毒池，经紫外消毒后进入鸭舍，消毒过程须严格执行。工作服、靴、帽等，用前先洗干净，然后放在消毒室，用28~42毫升/米³福尔马林熏蒸30分钟备用。人员进出场舍都要用0.1%新洁尔灭或0.1%过氧乙酸消毒液洗手、浸泡3~5分钟。

六、孵化室的消毒

孵化室的消毒效果受孵化室总体设计的影响，总体设计不合理，可造成相互传播病原，一旦育雏室或孵化室受到污染，则难于控制疫病流行。孵化室通道的两端通常要设消毒池、洗手间、更衣室，工人及工作人员进出必须更衣、换鞋、洗手消毒、戴口罩和工作帽。雏鸭调出后、上蛋前都必须进行全面彻底的消毒，包括孵化器及其内部设备、蛋盘、搁架、雏鸭箱、蛋箱、门窗、墙壁、顶篷、室内外地坪、过道等都必须进行清洗喷雾消毒。第一次消毒后，在进蛋前还必须再进行一次密闭熏蒸消毒，确保下批出壳雏鸭不受感染。此外，孵化室的废弃物不能随便乱丢，必须妥善处理，因为卵壳等带病原的可能性很大，稍有不慎就可能造成污染。

七、育雏室的消毒

育雏室的消毒和孵化室一样，每批雏鸭调出前后都必须对所有饲养工具、饲槽、饮水器等进行清洗、消毒，对室内外地坪必须清洗干净，晾干后用消毒药水喷洒消毒，入雏前还必须再进行一次熏蒸消毒，确保雏鸭不受感染。育雏室的进出口也必须设立消毒池、洗手间、更衣室，工作人员进出必须严格消毒，并戴上工作帽和口罩，严防带入病菌。

八、饲料仓库与加工厂的消毒

家禽饲料中动物蛋白是传播沙门氏菌的主要来源，如外来饲料带有沙门氏菌、肉毒梭菌、黄曲霉菌及其有毒的霉菌，必然造成饲料仓库和加工厂的污染，轻则引起慢性中毒，重则出现暴发性中毒死亡。因此饲料仓库及加工厂必须定期消毒，杀灭各种有害病原微生物，同时也应定期灭虫、杀鼠，消灭仓库害虫及鼠害，减少病原传播。库房的消毒可采用熏蒸灭菌法，此法简单方便，效果好，可节省人力、物力。

九、饮水消毒

（一）饮水的消毒方法

饮水的消毒方法有煮沸消毒、紫外线消毒、超声波消毒、磁场消毒、电子消毒等物理方法和化学消毒法。化学消毒法是养殖场饮用水消毒的常用方法。

（二）饮水消毒常用的化学消毒剂

理想的饮用水消毒剂应无毒、无刺激性，可迅速溶于水中并释放出杀菌成分，对水中的病原微生物杀灭力强，杀菌谱广，不会与水中的有机物或无机物发生化学反应和产生有毒有害物质，不残留，价廉易得，便于保存和运输，使用方便等。目前常用的饮用水消毒剂主要有氯制剂、碘制剂和二氧化氯。

1. 氯制剂

在养殖场常用于饮用水消毒的氯制剂有漂白粉、二氯异氰尿酸钠、漂白粉精、氯氨等，其中前两者使用较多。漂白粉含有效氯25%~32%，价格较低，应用较多，但其稳定性差，遇日光、热、潮湿等分解加快，在保存中有效氯含量每日损失量为 0.5%~3.0%，从而影响其在水中的有效消毒浓度。二氯异氰尿酸钠含有效氯60%~64.5%，性质稳定，易溶于水，杀菌能力强于大多数氯胺类消毒剂。氯制剂溶解于水中后产生次氯酸而具有杀菌作用，杀菌谱广，对细菌、病毒、真菌孢子、细菌芽孢均有杀灭作用。氯制剂的使用浓度和作用时间、水的酸碱度和水质、环境和水的温度、水中有机物等都可影响氯制剂的消毒效果。

2. 碘制剂

可用于消毒水的碘制剂有碘元素（碘片）和有机碘、碘伏等。碘片在水中溶解度极低，常用 2% 碘酒来代替；有机碘化合物含活性碘 25%~40%；碘伏是一种含碘的表面活性剂，在兽医上常用的碘伏类消毒剂为阳离子表面活性物碘。碘及其制剂具有广谱杀灭细菌、病毒的作用，但对细菌芽孢、真菌的杀灭力略差。其消毒效果受到水中有机物、酸碱度和温度的影响，碘伏易受到其拮抗物的影响，使其杀菌作用减弱。

3. 二氧化氯

二氧化氯是目前消毒饮用水最为理想的消毒剂。二氧化氯是一种很强的氧化剂，杀菌谱广，对水中细菌、病毒、细菌芽孢、真菌孢子都具有杀灭作用。二氧化氯的消毒效果不受水质、酸碱度、温度的影响，不与水中的氨化物起反应，能脱掉水中的色和味，改善水的味道。但是二氧化氯制剂价格较高，大量用于饮用水消毒会增加消毒成本。目前常用的二氧化氯制剂有二元制剂和一元制剂两种。其他种类的消毒剂则较少用于饮用水的消毒。

（三）饮水消毒的操作方法

为了做好饮用水的消毒，首先必须选择合适的水源。在有条件的地方尽可能地使用地下水。在采用地表水时，取水口应在鸭场自身的和工业区或居民区的污水排放口上游，并与之保持较远的距离；取水口应建立在靠近湖泊或河流中心的地方，如果只能在近岸处取水，则应修建能对水进行过滤的过滤井；在修建供水系统时应考虑到对饮用水的消毒方式，最好建筑水塔或蓄水池。

1. 一次投入法

在蓄水池或水塔内放满水，根据其容积和消毒剂稀释要求，计算出需要的化学消毒剂量，在进行饮用水前，投入到蓄水池或水塔内拌匀，让家畜饮用。一次投入法需要在每次饮完蓄水池或水塔中的水后再加水，加水后再添加消毒剂，需要频繁在蓄水池或水塔中加水加药，十分麻烦，适用于需水量不大的小规模养殖场和有较大的蓄水池或水塔的养殖场。

2. 持续消毒法

养殖场多采用持续供水，一次性向池中加入消毒剂，仅可维持较短的时间，频繁加药比较麻烦，为此可在蓄水池中应用持续氯消毒法，一次投药后可保持 7~15 天对水的有效消毒。每天饮用水的消毒剂的 20 倍或 30 倍量，将其拌成糊状，视用水量的大小在塑料袋（桶）上打 0.2~0.4 毫米的小孔若干个，将塑料袋（桶）悬挂在供水系统的入水口内，在水流的作用下消毒剂缓慢地从袋中释出。由于此种方法控制水中消毒剂浓度完全靠塑料袋上孔的直径大小和数目多少，因此一般应在第 1 次使用时进行试验，以确保在 7~15 天内袋中的消毒剂完全被释放，有可能时需测定水中的余氯量，必要时也可测定消毒后水中细菌总数来确定消毒效果。

（四）饮水消毒注意事项

1. 选用安全有效的消毒剂

饮水消毒的目的虽然不是为了给畜禽饮消毒液，但归根结底消毒液会被畜禽摄入体内，而且是持续饮用。因此，对所使用的消毒剂，要认真地进行选择，以避免给鸭群带来危害。

2. 正确掌握浓度

进行饮水消毒时，要正确掌握用药浓度，并不是浓度越高越好。既要注意浓度，又要考虑副作用的危害。

3. 检查饮水量

饮水中的药量过多，会给饮水带来异味，引起畜禽的饮水量减少。应经常检查饮水的流量和畜禽的饮用量，如果饮水不足，特别是夏季，将会引起生产性能的下降。

4. 避免破坏免疫作用

在饮水中投放疫苗或气雾免疫前后各 2 天，计 5 天内，必须停止饮水消毒。同时，要把饮水用具洗净，避免消毒剂破坏疫苗的免疫作用。

十、环境消毒

禽场的环境消毒，包括禽舍周围的空地、场内的道路及进入大门的通道等。正常情况下除进入场内的通道要设立经常性的消毒池外，一般每半年或每季度定期用氨水或漂白粉溶液，或来苏儿进行喷洒，全面消毒。在出现疫情时应每 3~7 天消毒一次，防止疫源扩散。消毒常用的消毒药有氢氧化钠（又称火碱、苛性钠等）、过氧乙酸、草木灰、石灰乳、漂白粉、石炭酸、高锰酸钾和碘酊等，不同的消毒药因性状和作用不同，消毒对象和使用方法不一致，药物残留时间也不尽相同，使用时要保证消毒药安全、易使用、高效、低毒、低残留和对人禽无害。

进雏鸭前，鸭舍周围 5 米以内和鸭舍外墙用 0.2%~0.3% 的过氧乙酸或 2% 的氢氧化钠溶液喷洒消毒，场区道路建筑物等也每天用 0.2% 次氯酸钠溶液喷洒 1 次进行消毒。鸭舍间的空地每季度翻耕，用火焰枪喷表层土壤，烧去有机物。

十一、设备用具的消毒

料槽等塑料制品先用水冲刷，晒干后用 0.1% 新洁尔灭刷洗消毒，再与鸭舍一起进行熏蒸消毒；蛋箱蛋托用氢氧化钠溶液浸泡洗净再晾干；商品肉鸭场运出场外的运输笼则在场外设消毒点消毒。

十二、车辆消毒

外部车辆不得进入生产区，生产区内车辆定期消毒，不出生产区，进出鸭场车辆须经场区大门消毒池消毒，消毒池宽 2 米，长 4 米，内放 3 厘米深的 2% 氢氧化钠溶液，每天换消毒液，若放 0.2% 的新洁尔灭则每 3 天换 1 次。

十三、垫料消毒

鸭出栏后，从鸭舍清扫出来的垫草，运往处理场地堆沤发酵或烧毁，一般不再重新用作垫草。新换的垫草，常常带有霉菌、螨及其他昆虫等，因此在搬入鸭舍前必须进行翻晒消毒。垫草的消毒可用甲醛、高锰酸钾熏蒸；最好用环氧乙烷熏蒸，穿透性比甲醛强，且具有消毒、杀虫两种功能。

十四、种蛋的消毒

种蛋在产出及保存过程中，很容易被细菌污染，如不消毒，就会影响孵化效果，甚至可能将疾病传染给雏鸭。因此，对即将入孵

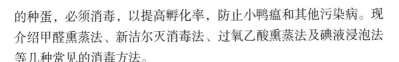

的种蛋，必须消毒，以提高孵化率，防止小鸭瘟和其他污染病。现介绍甲醛熏蒸法、新洁尔灭消毒法、过氧乙酸熏蒸法及碘液浸泡法等几种常见的消毒方法。

1. 甲醛熏蒸法

此法能消灭种蛋壳表层 95% 的细菌、微生物。方法是：按每立方米用高锰酸钾 20 克、福尔马林 40 毫升。加少量温水，置于 20~25℃密闭的室内熏蒸 0.5 小时，保持室内相对湿度 75%~80%。盛消毒药的容器要用陶瓷器皿，先放高锰酸钾，后倒入福尔马林，注意切不可先放福尔马林后放高锰酸钾，然后迅速密封门窗熏蒸。消毒后打开门窗，24 小时即可孵化。

2. 新洁尔灭消毒法

用 0.1% 的新洁尔灭溶液喷洒种蛋表面，也可用于浸泡种蛋 3 分钟。但新洁尔灭切忌与高锰酸钾、汞、碘、碱、肥皂等合用。

3. 过氧乙酸熏蒸法

此法使用较为普遍，即每立方米用 16% 的过氧乙酸溶液 40~60 毫升，高锰酸钾 4~6 克，熏蒸 15 分钟。

4. 碘液浸泡法

指入孵前的一种消毒方式。即将种蛋放入 0.1% 的碘溶液（10 克碘片 +15 克碘化钾 +1 000 毫升水，溶解后倒入 9 000 毫升清水）中，浸泡 1 分钟。

5. 漂白粉浸泡法

将种蛋放入含有效氯 1.5% 的漂白粉溶液中浸泡 3 分钟即可。

十五、人工授精器械消毒

采精和输精所需器械必须经高温高压灭菌消毒。稀释液需在高压锅内经 30 分钟高压灭菌，自然冷却后备用。

十六、诊疗室及医疗器械的消毒

1. 兽医诊疗室的消毒

鸭场一般都要设置兽医诊疗室，负责整个鸭场的疫病防制、消毒管理、鸭病防治和免疫接种等工作。兽医诊所是病原微生物集中或密度较高的地点。因此，首先要搞好诊疗室的消毒灭菌工作，才能保证全场消毒工作和防病工作的顺利进行。室内空气消毒和空气净化可以采用过滤、紫外线照射（诊室内安装紫外线灯，每立方米 2~3 瓦）、熏蒸等方法；诊疗室内的地面、墙壁、棚顶可用0.3%~0.5% 的过氧乙酸溶液或 5% 的氢氧化钠溶液喷洒消毒；诊疗室的废弃物和污水也要处理消毒，废弃物和污水数量少时，可与粪便一起堆积生物发酵消毒处理；如果量大时，使用化学消毒剂（如 15%~20% 的漂白粉搅拌，作用 3~5 小时消毒处理）消毒。

2. 兽医诊疗器械及用品的消毒

兽医诊疗器械及用品是直接与鸭接触的物品。用前和用后都必须按要求进行严格的消毒。根据器械及用品的种类和使用范围不同，其消毒方法和要求也不一样。一般对进入鸭体内或与黏膜接触的诊疗器械，如解剖器械、注射器及针头等，必须经过严格的消毒灭菌；对不进入动物组织内也不与黏膜接触的器具，一般要求去除细菌的繁殖体及亲脂类病毒。

第 三 章
◀◀◀ 鸭场免疫技术 ▶▶▶

第一节　鸭场常用疫（菌）苗

一、疫苗的概念

疫（菌）苗是预防和控制传染病的重要工具，只有正确使用才能使机体产生足够的免疫力，从而达到抵御外来病原微生物侵袭的目的。就鸭用疫（菌）苗而言，在使用过程中必须要了解下面有关常识。

疫（菌）苗仅用于健康鸭群的免疫预防，对已经感染发病的鸭，通常并没有治疗作用，而且紧急预防接种的免疫效果不能完全保证。

必须制定正确的免疫程序。由于鸭的品种、日龄、母源抗体水平和疫（菌）苗类型等因素不尽相同，使用疫（菌）苗前最好跟踪监测以掌握鸭群的抗体水平与动态，或者参照有关专家、厂家推荐的免疫程序，然后根据具体情况，会同有经验的兽医师制定免疫程序。

二、鸭场常用疫（菌）苗及使用方法

鸭场常用的疫（菌）苗见表3-1。

表 3-1　鸭场常用的疫（菌）苗

名称	用途、用法用量	保存和有效期
雏鸭肝炎弱毒疫苗	预防雏鸭肝炎。按瓶签注明剂量，加生理盐水或灭菌蒸馏水按 1∶100 倍稀释，1 日龄雏鸭皮下注射 0.1 毫升。也可用于种鸭免疫，在产蛋前 10 天，肌内注射 0.5 毫升，3~4 个月后重复注射一次，可使雏鸭通过被动免疫，预防雏鸭肝炎。1 日龄雏鸭免疫接种，免疫期约 1 个月	−15℃以下保存，有效期 1 年
鸭瘟鸡胚化弱毒疫苗	预防鸭瘟。按瓶签注明的剂量，加生理盐水或灭菌蒸馏水按 1∶200 倍稀释，20 日龄以上鸭肌内注射 1 毫升；5 日龄雏鸭肌注 0.2 毫升（60 日龄应加强免疫一次）。注射疫苗 5~7 天，即可产生免疫力，免疫期为 6~9 个月	在 −15℃以下保存，有效期为 18 个月
鸭瘟鸭病毒性肝炎二联疫苗	预防鸭瘟和鸭病毒性肝炎。① 使用时按瓶签注明的剂量 100 羽、250 羽份装，则分别用稀释液 100 毫升、250 毫升稀释均匀，1 月龄鸭胸部或腿部皮下注射 1 毫升，鸭产蛋前进行第二次免疫。疾病流行严重地区可于 55~60 周龄时再加强免疫 1 次。② 初免鸭瘟免疫期为 9 个月，鸭病毒性肝炎 5 个月；二免则均可达到 9 个月。③ 疫苗可用专门稀释液，如没有该稀释液则可以用无菌生理盐水或无菌蒸馏水、冷开水等代替。④ 疫苗稀释后 4 小时内用完，隔夜无效	本苗存放在 −15℃以下有效期 1.5 年；0℃冻结状态下保存有效期 1 年；4~10℃保存有效期 6 个月；10~15℃保存有效期 10 天
番鸭细小病毒活疫苗	预防番鸭细小病毒病。本疫苗适用于未经免疫种番鸭的后代雏番鸭的预防免疫接种。使用时按瓶签注明剂量稀释，给出壳后 48 小时内的雏番鸭，每羽皮下注射 0.2 毫升。接种 7 天后产生免疫力	放置在 −15℃以下保存，有效期 18 个月

（续表）

名称	用途、用法用量	保存和有效期
鸭腺病毒蜂胶复合佐剂灭活苗	预防减蛋综合征。用时注意振荡均匀。免疫程序为每羽种鸭在产蛋前2~4周龄皮下注射0.5毫升。免疫注射后5~8天可产生免疫力	存放在10~25℃或常温下阴暗处有效期1.5年
鸭传染性浆膜炎灭活苗	预防鸭传染性浆膜炎。雏鸭每羽胸部肌内注射0.2~0.3毫升，用前充分摇匀。免疫期为3~6个月	放置在8~25℃保存，勿冻结，有效期为1年
鸭大肠杆菌疫苗	预防鸭大肠杆菌病。本苗用于后备鸭及种鸭的免疫。鸭免疫后10~14天产生免疫力，免疫期4~6个月。免疫注射后种鸭无不良反应，免疫期间，种蛋的受精率高，种母鸭的产蛋率及孵化率均将提高10%~40%，雏鸭成活率明显提高。使用本苗时，应注意振荡均匀。该苗的一个免疫剂量为每只鸭皮下注射1毫升。免疫程序为5周龄左右免疫注射1次，产蛋前2~4周免疫1次，必要时可于产蛋后4~5个月再免疫1次。注意抓鸭时，切忌动作粗暴而造成鸭体损伤、死亡或影响生产性能；如果鸭群正在发生其他疾病，则不能使用本苗	本苗存放在10~25℃或常温下阴暗处有效期12个月
鸭传染性浆膜炎（鸭疫里杆菌病）—雏鸭大肠杆菌病多价蜂胶复合佐剂二联灭活苗	预防鸭传染性浆膜炎和雏鸭大肠杆菌病。使用本苗时，注意振荡均匀。1~10日龄雏鸭每羽皮下注射0.5毫升，本病流行严重地区可于17~18日龄再注射1次（0.5~1.0毫升）；20日龄以上鸭皮下注射1毫升。本苗产生免疫力时间快，免疫注射后5~8天可产生免疫力，注射后可显著提高雏鸭存活率	本苗存放在10~25℃或常温下阴暗处有效期1.5年

（续表）

名称	用途、用法用量	保存和有效期
鸭巴氏杆菌 A 型苗	预防鸭霍乱。用时注意振荡均匀。一个免疫剂量为每羽皮下注射 2 毫升，如能分成 2 次注射（隔周 1 次），分别皮下注射 1 毫升则效果更好。免疫程序可采用 5~7 周龄免疫 1 次，产蛋前 2~4 周免疫 1 次，必要时可于产蛋后 4~5 个月再免疫 1 次	本苗存放在 10~25℃或常温下阴暗处有效期 2 年
禽霍乱弱毒菌苗	预防鸭霍乱。按瓶签上注明的羽份，加入 20%氢氧化铝胶生理盐水稀释并摇匀。3 月龄以上的鸭，每羽肌内注射 0.5 毫升。免疫期为 3~5 个月	本苗保存在 10~15℃或常温下阴暗处有效期 2 年
禽霍乱组织灭活苗	预防鸭霍乱。2 月龄以上鸭，每羽肌肉注射 2 毫升。免疫期 3 个月	放置在 4~20℃常温保存，勿冻结，保存期 1 年

三、疫苗接种方法

鸭的疫苗接种方法常用的是颈部皮下注射法和肌内注射法，其他方法并不常用。

（一）颈部皮下注射法

疫苗接种的部位在鸭颈背的中下部。具体操作方法是：用拇指和食指将颈背部皮肤捏并向上提起，使捏起的皮肤与颈骨形成一个三角形空囊，注射针头呈 45°角倾斜，沿颈线方向刺入皮肤和肌肉之间，注入疫苗。本法适用于接种弱毒活疫苗及灭活疫苗，如禽流感油乳剂灭活疫苗等。

（二）肌内注射法

疫苗接种的部位有胸肌、腿肌、翅膀根部肌肉。胸肌注射时，用短注射针头，沿胸肌斜向 45°角刺入并注射，不能垂直注射，也不能用长针头，以免刺穿胸部、刺伤内脏，严重的还会致死。腿肌注射时，用短注射针头于大腿外侧的肌肉接种，因为大腿内侧神经、血管丰富，容易刺伤，注射不当易造成鸭跛行甚至死亡。翅膀肩关节附近的肌内注射时，用短注射针头，将鸭的翅膀外翻，露出翅膀肩关节附近的肌肉，将疫苗注入肌肉中，注意避开血管，不要进针太深，以免伤到骨头。该方法适用于接种弱毒活疫苗和灭活疫苗。

第二节 免疫计划与免疫程序

当前，鸭疫病多发，控制难度加大。除了要严格实施生物安全措施外，免疫接种是十分有效的防控措施。

鸭的免疫接种是用人工的方法将有效的生物制品（疫苗、菌苗）引入鸭体内，从而激发机体产生特异性的抵抗力，使其对某一种病原微生物具有抵抗力，避免疫病的发生和流行。对于种鸭，不但可以预防其自身发病，而且还可以提高其后代雏鸭母源抗体水平，提高雏鸭的免疫力。由此可见，对鸭群有计划地免疫预防接种是预防和控制传染病（尤其是病毒性传染病）最为重要的手段。

一、免疫计划的制定与操作

制定免疫计划是为了接种工作能够有计划地顺利进行以及对外交易时能提供真实的免疫证据，每个鸭场都应因地制宜根据当地疫情的流行情况，结合鸭群的健康状况、生产性能、母源抗体水平和疫苗种类、使用要求以及疫苗间的干扰作用等因素，制定出切实可行的适合于本场的免疫计划。在此基础上选择适宜的疫苗，并根据抗体监测结果及突发疾病对免疫计划进行必要的调整，提高免疫质量。

一般地，可根据免疫程序和鸭群的现状资料提前1周拟定免疫计划。免疫计划应该包括鸭群的种类、品种、数量、年龄、性别、接种日期、疫苗名称、疫苗数量、免疫途径、免疫器械的数量和所需人力等内容。

要重视免疫接种的具体操作，确保免疫质量。技术人员或场长必须亲临接种现场，密切监督接种方法及接种剂量，严格按照各类疫苗使用说明进行规范化操作。个体接种必须保证一只鸭不漏掉，每只鸭都能接受足够的疫苗量，产生可靠的免疫力，宁肯浪费部分疫苗，也绝不能有漏免鸭；注射针头最好一鸭一针头，坚决杜绝接种感染以免影响抗体效价生成。群体接种省时省力，但必须保证免疫质量，饮水免疫的关键是保证在短时间内让每只鸭都确实地饮到足够的疫苗；气雾免疫技术要求严格，关键是要求气雾粒子直径在规定的范围内，使鸭周围形成一个局部雾化区。

二、免疫程序的制定

免疫程序是指根据一定地区或养殖场内不同传染病的流行状况及疫苗特性，为特定动物群制定的疫苗接种类型、次序、次数、途径及间隔时间。制定免疫程序通常应遵循的原则如下。

（一）免疫程序是由传染病的特征决定的

由于畜禽传染病在地区、时间和动物群中的分布特点和流行规律不同，它们对动物造成的危害程度也会随时发生变化，一定时期内兽医防疫工作的重点就有明显的差异，需要随时调整。有些传染病流行时具有持续时间长、危害程度大等特点，应制定长期的免疫防制对策。

（二）免疫程序是由疫苗的免疫学特性决定的

疫苗的种类、接种途径、产生免疫力需要的时间、免疫力的持续期等差异是影响免疫效果的重要因素，因此在制定免疫程序时要根据这些特性的变化进行充分的调查、分析和研究。

（三）免疫程序应具有相对的稳定性

如果没有其他因素的参与，某地区或养殖场在一定时期内动物传染病分布特征是相对稳定的。因此，若实践证明某一免疫程序的应用效果良好，则应尽量避免改变这一免疫程序。如果发现该免疫程序执行过程中仍有某些传染病流行，则应及时查明原因（疫苗、接种、时机或病原体变异等），并进行适当的调整。

三、免疫程序制定的方法和程序

目前仍没有一个能够适合所有地区或养禽场的标准免疫程序，不同地区或部门应根据传染病流行特点和生产实际情况，制定科学合理的免疫接种程序。某些地区或养禽场正在使用的程序，也可能存在某些防疫上的问题，需要进行不断地调整和改进。因此，了解和掌握免疫程序制定的步骤和方法具有非常重要的意义。

（一）掌握威胁本地区或养殖场传染病的种类及其分布特点

根据疫病监测和调查结果，分析该地区或养禽场内常发多见传染病的危害程度以及周围地区威胁性较大的传染病流行和分布特征，并根据动物的类别确定哪些传染病需要免疫或终生免疫，哪些传染病需要根据季节或年龄进行免疫防制。

（二）了解疫苗的免疫学特性

由于疫苗的种类、适用对象、保存、接种方法、使用剂量、接种后免疫力产生需要的时间、免疫保护效力及其持续期、最佳免疫接种时机及间隔时间等不同，在制定免疫程序前，应对这些特性进行充分的研究和分析。一般来说，弱毒疫苗接种后5~7天、灭活疫苗接种后2~3周可产生免疫力。

（三）充分利用免疫监测结果

由于年龄分布范围较广的传染病需要终生免疫，因此应根据定期测定的抗体消长规律确定首免日龄和加强免疫的时间。初次使用的免疫程序应定期测定免疫动物群的免疫水平，发现问题要及时进行调整并采取补救措施。新生动物的免疫接种应首先测定其母源抗体的消长规律，并根据其半衰期确定首次免疫接种的日龄，以防止高滴度的母源抗体对免疫力产生的干扰。

（四）根据传染病发病及流行特点决定是否进行疫苗接种、接种次数及时机

发生于某一季节或某一年龄段的传染病，可在流行季节到来前2~4周进行免疫接种，接种的次数则由疫苗的特性和该病的危害程度决定。

总之，制定不同动物或不同传染病的免疫程序时，应充分考虑本地区常发多见或威胁大的传染病分布特点、疫苗类型及其免疫效能和母源抗体水平等因素，这样才能使免疫程序具有科学性和合理性。

四、不同类型的鸭常用免疫程序参考

（一）种鸭场免疫程序

1.掌握有关免疫的基本知识

为了制定合理的免疫程序，应首先熟悉有关的免疫名词，如母源抗体、基础免疫、加强免疫、毒株等。其中母源抗体是指雏鸭在孵化期从母体获取得到的各种抗体，雏鸭初期接种疫苗会被相同鸭病母源抗体中和；基础免疫是指鸭体的首次或最初几次疫苗接种所出现的免疫效果在没有达到较高抗体水平以前的免疫，大部分疫苗的基础免疫需要接种多次才能达到满意的免疫效果；各种疫苗接种后所产生的预防作用都有一定的期限，在基础免疫后一定的时间，为使鸭体继续维持牢固的免疫力，需要根据不同疫苗的免疫特性进行适时的再次接种，即所谓加强免疫；毒（苗）株则是从不同地区采集的病料中在实验室条件下培养的病毒（细菌），一种疾病一般存在众多类型的毒（菌）株。

2.调查鸭场所在地的疾病发生和流行情况

疾病的发生具有地域性，通过对鸭场周边地区疫病的调查了解，选择相应的疫苗进行免疫本地曾发生过或正在发生的疾病，未曾在本地发生的疾病则不用免疫。用疫苗预防本地没有发生过的病，不仅意义不大，而且浪费人力、财力，严重者会人为地将病源引进本场，导致该疫病的暴发。但应将禽流感等不存在地域性或危害严重的烈性传染病无条件地纳入免疫程序。

3.熟悉种鸭易患疫病的发病特点

熟悉种鸭主要疫病的发病日龄和流行季节，从而选择在合适日龄、疫病高发季节来临之前接种对应的疫苗，才能有效控制疫病。如鸭病毒性肝炎只发生于雏鸭阶段，尤其是 10 日龄左右最高发，

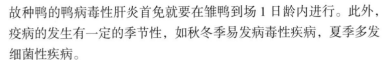

故种鸭的鸭病毒性肝炎首免就要在雏鸭到场 1 日龄内进行。此外，疫病的发生有一定的季节性，如秋冬季易发病毒性疾病，夏季多发细菌性疾病。

4.选择合适的疫苗类型

疫苗一般有活苗、死苗、单价苗、多价苗、联苗等多种类型，不同的疫苗，其免疫期与接种途径也不一样。种鸭场要根据实际需要选择合适的疫苗类型，如新场址，幼龄鸭应选用灭活苗，预防选择联苗，而紧急接种使用单苗。另外，同一种鸭病由不同毒株所引起的，其抗原结构也不相同，必须选择免疫原性相同的疫苗接种。

5.科学安排接种时间和间隔

① 同时接种两种或多种疫苗常产生干扰现象，故两种病毒性活疫苗的接种时间至少间隔 1 周以上；免疫前后停止喷雾或饮水消毒，尤其是注射活菌苗前后禁用抗生素。

② 在种鸭的一个生产周期内，某些疫苗需要多次免疫接种，这些疫苗的首次接种，应选择毒力较弱的活毒苗做起动免疫，以后再使用毒力稍强的或中等毒力的疫苗做补强免疫接种。

③ 制定免疫计划要结合本场的实际和工作安排，避开转群、开产、产蛋高峰等敏感时期，以防止加剧应激。

6.考虑所饲养种鸭的品种特点

鸭的品种不同，对各种疾病的抵抗能力也不尽相同，由此对其免疫程序要有针对性。如樱桃谷种鸭易患的疾病主要是病毒性肝炎、鸭瘟和鸭霍乱，故樱桃谷种鸭养殖场（户）在制定免疫程序时要重点考虑这 3 种疾病的免疫问题，而其他鸭病则可根据当地疫情灵活安排。

7.注意鸭体已有抗体水平的影响

种鸭体内已经存在的抗体会中和接种的疫苗，因此在种鸭体内抗体水平过高时接种，免疫效果往往不理想，甚至是反面的。种鸭体内抗体来源分为两类：一是先天所得，即通过亲代种鸭免疫遗传给后代的母源抗体；二是通过后天免疫产生的抗体。

母鸭开产前已强制接种某疫苗，则其所产种蛋孵出的雏鸭体内就含有高浓度的母源抗体，若此时接种疫苗则削弱雏鸭体内的母源抗体，使雏鸭在接种后几天内形成免疫空白，增加疾病感染机会。故在购买雏鸭前，应先知道种鸭的免疫情况，对于种鸭已免疫的疫苗，雏鸭应推迟该疫苗的接种时间。

后天免疫应选在种鸭抗体水平到达临界线时进行。抗体水平一般难以估计，有条件的种鸭场应通过监测确定抗体水平；不具备条件的，可通过疫苗的使用情况及该疫苗产生抗体的规律确定抗体水平。

樱桃谷肉种鸭参考免疫程序见表3-2。

表3-2　樱桃谷肉种鸭参考免疫程序

日龄	疫苗名称	疫苗用量	使用方法	备注
1	鸭病毒性肝炎疫苗或抗体	2头份或1毫升	颈背部皮下注射	
7	浆膜炎＋大肠杆菌二联苗	0.5毫升／羽	摇匀颈部皮下注射	
12	禽流感单联油苗（H5N1）	0.5毫升／羽	摇匀颈部皮下注射	
17	鸭瘟冻干苗3头份	0.5毫升	肌内注射	生理盐水
25	禽流感单联油苗H5N1	0.5毫升／羽2头份	摇匀颈背部皮下注射	
40	鸭瘟冻干单联苗	1毫升／羽4头份	摇匀肌内注射	生理盐水
60	大肠杆菌＋霍乱二联苗	0.5~1毫升／羽	摇匀胸部肌肉或颈背部皮下注射	
70	禽流感二联苗H5H9	1毫升／羽	摇匀颈背部皮下注射	
130	减蛋综合征＋副黏病毒二联蜂胶苗	1毫升／羽	摇匀胸部肌肉或颈部皮下注射	
137	禽流感二联苗H5H9	1~1.5毫升／羽	摇匀颈背部皮下注射	

（续表）

日龄	疫苗名称	疫苗用量	使用方法	备注
144	霍乱＋大肠杆菌二联苗	1毫升/羽	摇匀颈背部皮下注射	
151	禽流感二联苗（H5H9）	1~1.5毫升/羽	摇匀颈背部皮下注射	
158	鸭瘟冻干苗	1毫升/羽、4头份/羽	摇匀肌内注射	生理盐水

注：30日龄和120日龄内外驱打虫药驱虫一次。

（二）商品肉鸭场免疫程序

商品肉鸭场的免疫参考程序见表3-3。

表3-3　商品肉鸭的免疫参考程序

日龄	疫苗	接种方法	剂量	备注
1	副伤寒福尔马林菌苗	胸肌注射	0.5毫升	10天后重复1次
	鸭瘟-鸭病毒性肝炎二联弱毒疫苗	胸肌注射	1~2个剂量	父母代没有进行正规接种或种蛋购于市场的接种，2周和4周再各接种一次
1~3	鸭传染性浆膜炎（鸭疫巴氏杆菌病）-雏鸭大肠杆菌病多价蜂胶复合佐剂二联苗	皮下注射	0.5毫升	父母代没有进行正规接种或种蛋购于市场的接种
7~10		皮下注射	0.5毫升	父母代进行正规接种的在7~10日龄接种
21		皮下注射	0.5毫升	二次免疫
65左右	禽霍乱菌苗	皮下注射	0.5~1.0毫升	120日龄再接种一次

（三）蛋鸭参考免疫程序

蛋鸭参考免疫程序见表 3-4。

表 3-4　蛋鸭参考免疫程序

日龄	疫苗	接种方法	剂量	备注
1~3	鸭病毒性肝炎	皮下或肌内注射	1头份	
5~7	鸭疫里氏杆菌苗	皮下或肌内注射	0.5~1毫升	根据需要选择使用
5~7	鸭大肠杆菌苗	皮下或肌内注射	0.5~1毫升	根据需要选择使用
10~15	禽流感油乳灭活苗	皮下注射	0.5毫升	
20	鸭瘟冻干苗	皮下或肌内注射	1头份	
35~40	禽流感油乳剂灭活苗	皮下注射	0.5~0.7毫升	
60~70	大肠杆菌油乳剂灭活苗	皮下注射	0.5~1毫升	根据需要选择使用
60~70	禽霍乱蜂胶佐剂灭活苗	皮下注射	0.5~1毫升	根据需要选择使用
70~80	鸭瘟冻干苗	肌内注射	1~2头份	
开产前	禽流感油乳剂灭活苗	皮下注射	1毫升	

第三节　免疫监测与免疫失败

一、免疫接种后的观察

疫苗和疫苗佐剂都属于异物，除了刺激机体免疫系统产生保护性免疫应答以外，或多或少地也会产生机体的某些病理反应，精神状态变差，接种部位出现轻微炎症，产蛋鸭的产蛋量下降等。反应强度随疫苗质量、接种剂量、接种途径以及机体状况而异，一般经过几个小时或 1~2 天会自行消失。活疫苗接种后还要在体内生长繁殖、扩大数量，具有一定的危险性。因此，在接种后 1 周内要密切观察鸭群反应，疫苗反应的具体表现和持续时间参看疫苗说明书，若反应较重或发生反应的鸭数量超过正常比例时，需查找原因，及时处理。

二、免疫监测

在养鸭生产中，长期对血清学监测是十分必要的，这对疫苗选择、疫苗免疫效果的考察、免疫计划的执行是非常有用的。通过血清学监测，可以准确掌握疫情动态，根据免疫抗体水平科学地进行综合免疫预防。在鸭群接种疫苗前后对抗体水平的监测十分必要，免疫后的抗体水平对疾病防御紧密相关。

（一）免疫监测的目的

接种疫苗是目前防御疫病传播的主要方法之一，但影响疫苗效果的因素是多方面的，如：疫苗质量、接种方法、动物个体差异、免疫前已经感染某种疾病、免疫时间以及环境因素等均对抗体产生有重要影响，给养鸭生产造成大的经济损失。因此，在接种疫苗前对母源抗体的监测及接种后是否能产生抗体或合格的抗体水平的监测和评价就具有重要的临床意义和经济意义。

通过对抗体的监测可以做到以下几方面。

1. 准确把握免疫时机

如在种鸭预防免疫工作中，最值得关注的就是强化免疫的接种时机问题。在两次免疫的间隔时间里，种鸭的抗体水平会随着时间逐渐下降，而在何种水平进行强化免疫是一个令人头疼的问题。因为在过高的抗体水平进行免疫，不仅浪费疫苗，增加了经济成本，而且过高的抗体水平还会中和疫苗，影响疫苗的免疫效果，导致免疫失败；但是在较低的抗体水平进行免疫，又会出现抗体保护真空期，威胁种鸭的健康。试验结果证明，在进行禽流感疫苗免疫时，如果免疫对象的群体抗体滴度过高会导致免疫后抗体水平出现明显下降，抗体上升速度和峰滴度都难以达到期望的水平；免疫时群体抗体滴度低的群体的免疫效果较好。这一结果主要是由于过高的群体抗体滴度会中和疫苗中免疫抗原，导致免疫效果不佳和免疫失败。为达到一较好免疫效果，应选择在群体抗体滴度较低时进行，但考虑到过低的抗体水平（<4 log2）会影响到种鸭的群体安全，所以种鸭的禽流感强化免疫应选择在群体抗体滴度 4~5 log2 时进行，这样取得的抗体效价会更好。

2. 及时了解免疫效果

应用本产品对疫苗免疫鸭群进行抗体检测，其中 80% 以上结果呈阳性，预示该鸭群平均抗体水平较高，处于保护状态。

3. 及时掌握免疫后抗体动态

实验证明对鸭新城疫抗体的监测中，抗体滴度在 4 log2 鸭群的保护率为 50% 左右，在 4 log2 以上的保护率可达 90%~100%；在 4 log2 以下非免疫鸭群保护率约为 9%，免疫过的鸭群约为 43%，根据鸭群 1%~3% 比例抽样，抗体几何平均值达 5~9 log2，表明鸭群为免疫鸭群，且免疫效果甚佳。对种鸭的要求新城疫抗体水平应在 9 log2 最为理想，特别是 5 log2 以下的鸭群要考虑加强免疫，使种鸭产生坚强的免疫抗体，才能保证种鸭群的健康发展，孵化出健壮的雏鸭；对普通成年鸭群抵抗强毒新城疫攻击的抗体效价不应小于 6 log2。

4. 种蛋检疫

卵黄抗体水平一方面能实时反映种鸭群的抗体水平及疫苗免疫效果，另一方面能为子代雏鸭免疫程序的制定提供科学依据。因此建议，有条件的养鸭场，对外购种蛋应按 0.2% 的比率抽检进行抗体监测，掌握种蛋的质量，判断子代鸭群对哪些疾病具有保护能力以及有可能引发的疾病流行状况，防止引进野毒造成疾病流行。

（二）监测抽样

随机抽样，抽样率根据鸭群大小而定，一般 10 000 羽以上鸭群按 0.5% 抽样，1 000~10 000 羽按 1% 抽样，1 000 羽以下不少于 3%。

（三）监测方法

新城疫和禽流感均可运用血凝试验（HA）和血凝抑制试验（HI）监测，具体方法参照《GB/T 16550—2008 新城疫诊断技术》和《GB/T 18936—2003 高致病性禽流感诊断技术》。

三、免疫失败的原因与注意事项

（一）不规范的免疫程序

鸭有一定的生长规律，要按其免疫器官的生理发育特点制定规范的免疫程序，按鸭生长的规律和特点依次进行防疫接种。雏鸭要接种雏鸭易发病的疫苗，成年鸭要接种成年鸭易发病的疫苗，各个生长期疾病不是完全一样的，需要接种时间也不一样。由于地区、养鸭品种的差异，各地的免疫程序有差别，应尽量选择适宜本地区的免疫程序，按生长日期接种相应的疫苗。不按程序接种会干扰鸭体内的免疫系统，发生免疫机能紊乱而导致免疫失败。

有些养殖场户，自始至终使用一个固定的免疫程序，特别是在应用了几个饲养周期，自我感觉还不错的免疫程序，就一味地坚持使用。没有根据当地的流行病学情况和自己鸭场的实际情况，灵活调整并制定适合自己鸭场的免疫程序。

没有一个免疫程序是一成不变、一劳永逸的。制定自己鸭场合理的免疫程序，需要随时根据相应的情况加以调整。

（二）疫苗质量差

防疫效果的好坏，选择疫苗是关键环节。疫苗属生物制品，是微生物制剂，生产技术较高，条件比较苛刻，如果生产厂家不规范，生产的疫苗质量不合格，入病毒含量不足、操作环节中密封出现问题、冻干苗真空包装出现问题、辅助剂或填充剂有问题及保存的条件问题等都能造成疫苗的质量下降，接种了这种疫苗，必然会引起免疫失败。

还有些疫苗肉眼看上去就有不合格的现象，如疫苗瓶破碎或瓶上有裂纹，或内容物有异常的固形物，或块状疫苗萎缩变小或变成粉状等都是质量差的疫苗。

（三）疫苗运输和保存条件差

疫苗属于生物制品，运输和保存要求条件高，一般冻干苗都要冷冻在 −18~−15℃，保存效价能维持到一年。随着温度上升的变化而缩短保存时间。现在使用的活菌疫苗，更需要冷冻条件运输。一般的油乳剂液体疫苗，需保存在常温 20℃ 以下阴凉处，如果不经心在阳光下暴晒了，即便是 1 个小时，也会损伤里面的抗原因子，质量就无法保证，就可能会造成免疫失败。

（四）选用疫苗的血清型不符

雏鸭接种种鸭疫苗，接种后会发现抗体滴度低或没有反应。另外，一个地区由于病的变异，会产生多个血清型，若流行的病毒血清型与接种疫苗的病毒血清型不符，产生的抗体效果差，免疫效果不理想。

（五）疫苗剂量不足

我们平时接种的疫苗剂量一般都是按整数计算，一瓶 1 000 羽、2 000 羽或 500 羽、200 羽，每一瓶疫苗都有规定的病毒数量，也就是相应的免疫量。按照规律，可以接种比标准数少一些的鸭，而不能比标准数多的鸭。实际生产中，有时候严格数量超出整瓶数量，如 1 200 只、1 700 只等，某些养殖户就会忽视防疫的重要性，错误地认为稍多几只没有问题，结果接种疫苗后反而发病的数量增多了，说明免疫接种量少而引起了免疫接种失败。

（六）疫苗过期

由于贪图便宜或者时间紧，购买疫苗时不仔细检查，疫苗过期，防疫接种时拿出来就用，结果鸭群用过疫苗不但不起免疫作用，还引发了传染病。

总之，疫苗是生物制品，选购要标准，运输保存要冷冻，接种防疫操作要认真仔细，才能防止免疫失败，保证养殖健康发展。

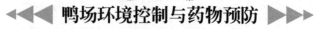

第四章
◄◄◄ 鸭场环境控制与药物预防 ►►►

第一节　场址选择和布局

一、场址确定与建场要求

1. 水源充足，水活浪小

鸭日常活动都与水有密切联系，洗澡、交配都离不开水，水上运动场是完整鸭舍的重要组成部分，所以养鸭的用水量特别大，要有廉价的自然水源，才能降低饲养成本。选择场址时，水源充足是首要条件，即使是干旱的季节，也不能断水（图4-1）。通常将鸭

图 4-1　水源要充足

舍建在河湖之滨，水面尽量宽阔，水活浪小，水深为1~2米。如果是河流交通要道，不应选主航道，以免搔扰过多，引起鸭群应激。大型鸭场，最好场内另建深井，以保证水源和水质。

2. 交通方便，不紧靠码头

鸭场的产品、饲料以及各种物资的进出，运输所需的费用相当大，建场时要选在交通方便，尽可能距离主要集散地近些，最好有公路、水路或铁路连接，以降低运输费用，但绝不能在车站、码头或交通要道（公路或铁路）的近旁建场，以免给防疫造成麻烦。而且，环境不安静，也会影响产蛋。

3. 地势高燥，排水良好

鸭场的地形要稍高一些，地势要略向水面倾斜，最好有5°~10°的坡度，以利排水；土质以沙质壤土最适合，雨后易干燥，不宜选在黏性太大的重黏土上建造鸭场，否则容易造成雨后泥泞积水。尤其不能在排水不良的低洼地建场，否则每年雨季到来时，鸭舍被水淹没，造成不可估量的损失。

4. 环境无污染

场址周围5千米内，绝对不能有禽畜屠宰场，也不能有排放污水或有毒气体的化工厂、农药厂，并且离居民点也要在3千米以上。鸭场所使用的水必须洁净，每100毫升水中的大肠杆菌数不得超过5 000个；溶于水中的硝酸盐或亚硝酸盐含量如超过50×10^{-6}，对鸭的健康有损害。针对以上情况，由于目前还缺乏有效的消除办法，应另找新的水源。尽可能在工厂和城镇的上游建场，以保持空气清新、水质优良、环境不被污染。

5. 朝向以坐北朝南最佳

鸭舍的位置要放在水面的北侧，把鸭滩和水上运动场放在鸭舍的南面，使鸭舍的大门正对水面向南开放，这种朝向的鸭舍，冬季采光面积大、吸热保温好；夏季又不受太阳直晒、通风好，具有冬暖夏凉的特点，有利于鸭子的产蛋和生长发育。

二、场区规划及场内布局

(一) 大型鸭场各区间划分

应当将行政区、生活区、生产区、粪污处理区独立分隔，保持一定的间距。生活区建有职工宿舍、食堂及其他生活服务设施等；行政区包括办公室、资料室、会议室、供电室、锅炉房、水塔、车库等；生产区包括洗澡、消毒、更衣室，饲养员休息室，鸭舍（育雏舍、育成舍、蛋鸭或肉鸭舍、种鸭舍），蛋库，饲料库，产品库，水泵房，机修室等；粪污处理区包括兽医室、病鸭舍、厕所、粪污处理池等。

(二) 小型鸭场区划布局

小型鸭场各区划分与大型鸭场基本一致，只是在布局时，一般将饲养员宿舍、仓库、食堂放在最外侧的一端，将鸭舍放在最里端，以避免外来人员随便出入，也便于饲料、产品等的运输和装卸。

(三) 区间规划布局原则

在进行鸭场规划布局时要掌握以下几项原则：一要便于管理，有利于提高工作效率，照顾各区间的相互联系；二要便于搞好防疫卫生工作，规划时要充分考虑风向和河道上下游的关系；三是生产区应按作业的流程顺序安排；四要节约基建投资。

根据以上原则，具体规划时要将养鸭场各种房舍分区规划。按地势高低和主导风向，将各种房舍依防疫需要的先后次序，进行合理安排。如果地势与风向不一致，按防疫要求又不好处理，则以风向为主，地势原因形成的矛盾可通过增加设施的方法（如挖沟、设障等）加以解决。按主导风向考虑，行政区应设在与生产区风向平行的一侧，生活区设在行政区之后；按河道的上下游考虑，育雏舍、育成舍应在上游，产蛋鸭舍在其后，种鸭舍与上述鸭舍应有300米以上的距离。行政区与生活区应远离放鸭的河道，保证生活污水不排入河道中。从便于作业考虑，饲料仓库应位于生产区和行政区之间，并尽可能接近耗料最多的鸭舍；从防疫角度考虑，场内道路分净道和污道，净道：用于运输活鸭、饲料、产品，污道用于运输粪便、死鸭等污物。各个区之间应有围墙隔开，并在中间种草种花，设置绿化带。尤其是生产区，一定要有围墙，进入生产区内必须换衣、换鞋、消毒。生活区与生产区之间应保持一定距离。

（四）生产区布局设计

生产区是鸭场总体布局中的主体，设计时应根据鸭场的性质有所偏重，种鸭场应以种鸭舍为重点，商品蛋鸭场应以蛋鸭舍为重点，商品肉鸭场应以肉鸭舍为重点。各类鸭舍之间最好设绿化隔离带。

一个完整的平养鸭舍，通常包括鸭舍、鸭滩（陆上运动场）、水围（水上运动场）三部分。

1. 鸭舍

最基本的要求是向阳干燥、通风良好，能遮阴防晒、阻风挡雨、防止兽害（图4-2）。鸭舍的面积不要太大。一般的生产鸭舍宽度为8~10米，长度根据需要来定，但最好控制在100米以内，

图4-2　鸭舍要向阳干燥，通风良好，避荫防晒，挡风遮雨，防止兽害

以便于管理和隔离消毒。舍内地面应比舍外高 20~30 厘米，以利于排水。一个大的鸭舍要分若干小间，每个小间的形状以正方形或接近正方形为好，便于鸭群在室内转圈活动。绝不能将小间隔成长方形，因为长方形较狭长，鸭在舍内运动时容易拥挤踏伤。

2. 鸭滩

鸭滩是水面与鸭舍之间的陆地部分，是鸭子的陆地运动场（图4-3）。地面要平整，略向水面倾斜，不允许坑坑洼洼，以免蓄积污水。鸭滩的大部分地方是泥土地面，只在连接水面的倾斜处用水泥沙石作成倾斜的缓坡，坡度 25°~30° 斜坡要深入水中，并低于枯水期的最低水位。鸭滩斜坡与水面连接处必须用砖石砌好，不能图一时省钱用泥土修建。由于这个斜坡是鸭每天上岸、下水的必经之路，使用率极高，而且上有风吹雨打，下有水浪拍击，非常容易损坏，必须在养鸭之前修得坚固、平整。有条件和资金充足的养鸭场，最好将鸭滩和斜坡用沙石铺底后，抹上水泥。这样的路既坚固，又方便清洁，在鱼鸭混养的鸭场还方便将鸭粪冲入鱼池。鸭滩出现坑洼要及时修复，以利于鸭群活动。沙石路面的鸭滩，可用喂鸭后剩下的河蚌壳、螺蛳壳铺在滩上，这样即使在大雨过后，鸭滩仍可以保持排水良好，不会泥泞不堪。

图 4-3　鸭滩（陆上运动场）

3.水围

必须有一定的水上运动场所，供鸭玩耍嬉戏、繁殖交尾等（图4-4）。水围的面积不应小于鸭滩。一般每100只鸭需要的水围面积为30~40米^2，且随鸭的年龄增长而增加。考虑到枯水季节水面要缩小，有条件的地方要尽可能围大一些。

图4-4　水围（水上运动场）

在鸭舍、鸭滩、水围3部分的连接处，均需用围栏把它们围成一体，根据鸭舍的分间和鸭分群情况，每群隔成一个部分。陆上运动场的围栏高度为1米左右。水上运动场的围栏应超过最高水位0.5米、深入水下1米以上；如果用于育种或饲养试验的鸭舍，必须进行严格分群，围栏应深入水底，以免串群。有的地方将围栏做成活动的，围栏高1.5~2米，绑在固定的桩上，视水位高低而灵活升降，经常保持在水上0.5米、水下1~1.5米的水平。

陆上运动场：是水面和鸭舍之间的陆地部分，面积是鸭舍面积的1.5~2倍。

水上运动场：即水围。鸭子可以在水上运动场内玩耍嬉戏、繁殖交配等。

戏水池：缺乏大型池塘的鸭场在陆地上运动场外可以修建戏水池（图4-5），戏水池可因地制宜。鸭舍、陆上运动场、水上运动场（戏水池）面积比例适宜：1：（1.5~2）：（1.5~2）。

图4-5　戏水池的面积和陆上运动场等大

三、鸭场环境卫生控制与监测

（一）环境卫生控制

鸭群天天会产大量的蛋，消耗能量多，对饲养和环境的要求也较高。鸭产蛋量的多少与鸭所在的环境也有一定的关系。鸭最适宜在水源清洁、场地宽敞、气候温和、空气新鲜和安静卫生的环境中生长和繁殖。如何提高鸭场环境卫生也是养殖员的重要任务。

1. 隔离

鸭舍借通风系统经常地排出污秽气体和水气，这些气体和水气中夹杂着饲料粉尘和微粒。如某幢鸭舍中的鸭群发生了疫情，病原微生物常常是通过排出的微小物粒而被携带出去威胁或感染相邻的鸭群。为了使鸭舍排出的污气尘埃等微小物粒不能进入相邻的鸭舍，鸭舍间应保持一定的距离，最好在50米以外，也可将鸭舍改为纵向通风或负压过滤通风。

2.粪便无害化处理

（1）鸭场粪污对生态环境的污染　养鸭场在为市场提供鸭产品时，大量的粪便和污水也在不断地产生。污物大多为含氮、磷物质，未经处理的粪尿一部分氮挥发到大气中增加了大气中的氮含量，严重的构成酸雨，危害农作物；其余的大部分被氧化成硝酸盐渗入地下，或随地表水流入河道，造成更为广泛的污染，致使公共水系中的硝酸盐含量严重超标。磷排入江河会严重污染水质，造成藻类和浮游生物的大量繁殖。鸭的配合饲料中含有较高的微量元素，经消化吸收后多余的随排泄物排出体外，其粪便作为有机肥料播撒到农田中去，长此以往，将导致磷、铜、锌等其他有害微量元素在环境中的富积，从而对农作物产生毒害作用。

另外，粪便通常带有致病微生物，容易造成土壤、水和空气的污染，从而导致禽传染病、寄生虫病的传播。

（2）解决鸭场污染的主要途径

① 总体规划、合理布局、加强监管。为了科学规划畜牧生产布局、规范养殖行为，避免因布局不合理而造成对环境的污染，畜牧、土地、环保等部门要明确职责、加强配合。畜牧部门应会同土地、环保部门依据《中华人民共和国畜牧法》等法律法规并结合村镇整体规划，划定禁养区、限养区及养殖发展区。在禁养区内禁止发展养殖，已建设的畜禽养殖场，通过政策补贴等措施限期搬迁；在限养区内发展适度规模养殖，严格控制养殖总量；在养殖区内，按标准化要求，结合自然资源情况决定养殖品种及规模，对畜禽养殖场排放污物，环保部门开展不定期的检测监管，督促各养殖场按国家《畜禽养殖粪污排放标准》达标排放。今后，要在政府的统一指挥协调下对养殖行为形成制度化管理，土地部门对养殖用地在进行审批时，必须有畜牧、环保部门的签字意见方可审批。

② 提升养殖技术，实现粪污减量化排放。加大畜牧节能环保

生态健康养殖新技术的普及力度。如通过推广微生物添加剂的方法提高饲料转化率，促进饲料营养物质的吸收，减少含氮物的排放；通过运用微生物发酵处理发展生物发酵床养殖、应用"干湿粪分离"、雨水与污水分开等技术减少污物排放；通过"污物多级沉淀、厌氧发酵"等实现污物达标排放。在新技术的推动下，发展健康养殖，达到节能减排的目的。

③ 开辟多种途径，提高粪污资源化利用率。根据市场需求，利用自然资源优势，发挥社会力量，多渠道、多途径开展养殖粪污治理，变废为宝。

（3）粪便污水的综合利用技术

① 发展种养结合养殖模式。在种植区域建设适度规模的养殖场，使粪污处理能力与养殖规模相配套，养殖粪污通过堆放腐熟施入农田，实现农牧结合处理粪污。

② 实施沼气配套工程。养殖场配套建设适度规模的沼气池，利用厌氧产沼技术，将粪污转化为生活能源及植物有机肥，实现粪污资源再利用，达到减排的目的（养鸭场沼气配套工程见图4-6）。根据对部分养殖场的调查，由于技术、沼渣沼液处置等多方面原因，农户中途放弃使用沼气池的现象较为普遍。因此，要加强跟踪

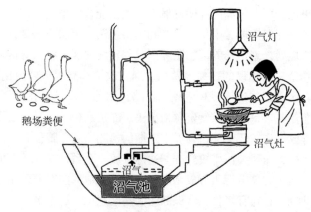

图4-6　养鸭场沼气配套工程示意图

服务工作，提高管理水平，避免出现沼气池成"摆设"。

③开展深加工，实现粪污商品化。从养殖业长期历史习惯以及养殖业主经济实力来看，按"谁污染谁治理"的原则，目前大多数规模养殖场（户）很难自行解决粪污治理问题。政府必须通过政策扶持、资金奖励等方式引导社会企业开发粪污处理技术，建设有机肥料加工厂。将养殖行业的粪污"收购"后，运用现代加工技术生产成包装好、运输方便、使用简单、效果好的有机肥成品出售，为种植、水产养殖户提供生态、环保、物美价廉的有机肥料产品。既解决养殖污染问题，又充分利用资源，优化了种植和养殖环境，实现了资源循环利用。在条件成熟的情况下，也可依照城市垃圾发电的模式，开发利用养殖粪污发电等项目。

3. 病死鸭无害化安全处理

病死鸭必须及时地无害化处理病死畜禽尸体，坚决不能图一时私利而出售。处理方法有以下几种。

（1）焚烧法　也是一种较完善的方法，但不能利用产品，且成本高，故不常用。但对一些危害人、畜健康极为严重的传染病病畜的尸体，仍有必要采用此法。焚烧时，先在地上挖一十字形沟（沟长约 2.6 米，宽 0.6 米，深 0.5 米），在沟的底部放木柴和干草作引火用，于十字沟交叉处铺上横木，其上放置畜尸，畜尸四周用木柴围上，然后洒上煤油焚烧，尸体烧成黑炭为止。或用专门的焚烧炉焚烧。

（2）高温处理法　此法是将畜禽尸体放入特制的高温锅（温度达 150℃）内或有盖的大铁锅内熬煮，达到彻底消毒的目的。鸭场也可用普通大锅，经 100℃以上的高温熬煮处理。此法可保留一部分有价值的产品，但要注意熬煮的温度和时间，必须达到消毒的要求。

（3）土埋法　是利用土壤的自净作用使其无害化。此法虽简单但不理想，因其无害化过程缓慢，某些病原微生物能长期生存，从而污染土壤和地下水，并会造成二次污染，所以不是最彻底的无害化处理方法。采用土埋法，必须遵守卫生要求，埋尸坑远离畜舍、放牧地、居民点和水源，地势高燥，尸体掩埋深度不小于2米。掩埋前在坑底铺上2~5厘米厚的石灰，尸体投入后，再撒上石灰或洒上消毒药剂，埋尸坑四周最好设栅栏并作上标记。

（4）发酵法　将尸体抛入尸坑内，利用生物热的方法进行发酵，从而起到消毒灭菌的作用。尸坑一般为井式，深达9~10米，直径2~3米，坑口有一个木盖，坑口高出地面30厘米左右。将尸体投入坑内，堆到距坑口1.5米处，盖封木盖，经3~5个月发酵处理后，尸体即可完全腐败分解。

在处理畜尸时，不论采用哪种方法，都必须将病畜的排泄物、各种废弃物等一并进行处理，以免造成环境污染。

4.使用环保型饲料

考虑营养而不考虑环境污染的日粮配方，会给环境造成很大的压力，并带来浪费和污染，同时，也会污染鸭的产品。由于鸭对蛋白质的利用率不高，饲料中50%~70%的氮以粪氮和尿氮的方式排出体外，其中一部分氮被氧化成硝酸盐。此外，一些未被吸收利用的磷和重金属等渗入地下或地表水中，或流入江河，从而造成广泛的污染。

资料表明，如果日粮干物质的消化率从85%提高到90%，那么随粪便排出的干物质可减少1/3，日粮蛋白质减少2%，粪便排泄量就降低20%。粪污的恶臭主要由蛋白质腐败产生，如果提高日粮粗蛋白质的消化率或减少蛋白质的供给量，那么臭气物质的产生将大大减少。按可消化氨基酸配制日粮，补充必要氨基酸和植酸酶等，可提高氮、磷的利用率，减少氮、磷的排泄。营养平衡配方技术、生物技术、饲料加工工艺的改进、饲料添加剂的合理使用等新技术的出现，为环保饲料指明了方向。

5.场区绿化

鸭场的绿化是企业文明生产的标志，绿化不仅可以美化环境，改善鸭场的自然面貌，而且对鸭场的环境保护、提高生产经济效益有明显的作用。

此外，可以在不影响禽舍通风的情况下，在舍外空地、运动场、隔离带种植树木、藤蔓植物和草坪等，这些植物能降低细菌含量，还可除尘、除臭，防大风、防噪声等作用，对改善舍外环境有很大的帮助。也可采用先进的环保技术，提高环境卫生条件最好不要用垫料。

（二）严格制度和监测

要真正搞好鸭场的环境保护，必须以严格的卫生防疫制度作保证。加强环保知识的宣传，建立和健全卫生防疫制度是搞好鸭场环境保护工作的保障，应将鸭场的环境保护问题纳入鸭场管理的范畴，应经常向职工宣传环保知识，使大家认识到环境保护与鸭场经济效益和个人切身利益密切相关。制定切实的措施，并抓好落实。同时搞好环境监测，环境卫生监测包括空气、水质和土壤的监测，应定期进行，为鸭舍环保提供依据。

对鸭场空气环境的控制在建场时即须确保无公害鸭场不受工矿企业的污染，鸭场建成后据其周围排放有害物质的工厂监测特定的指标，有氯碱厂则监测氯，有磷肥厂则监测氟。无公害鸭舍内空气的控制除常规的温湿度监测外，还涉及到氨气、硫化氢、二氧化碳、悬浮微粒和细菌总数，必要时还须不定期监测鸭场及鸭舍的臭气。

水质的控制与监测在选择鸭场时即进行，主要据供水水源性质而定。若用地下水，据当地实际情况测定水感官性状（颜色、浊度和臭味等）、细菌学指标（大肠菌群数和蛔虫卵）和毒理学指标（氟化物和铅等），不符合无公害标准时，分别采取沉淀和加氯等措施。鸭场投产后据水质情况进行监测，一年测 1~2 次。

无公害肉鸭生产逐渐向集约化方向发展，较少直接接触土壤，其直接危害作用少，主要表现为种植的牧草和饲料危害肉鸭。土壤控制和监测在建场时即进行，之后可每年用土壤浸出液监测 1~2 次，测定指标有硫化物、氯化物、铅等毒物、氮化物等。

第二节　杀虫与灭鼠

鸭场进行杀虫、灭鼠以消灭传染媒介和传染源，也是防疫的一个重要内容，鸭舍附近的垃圾、污水沟、乱草堆，常是昆虫、老鼠滋生的场所，因此要经常清除垃圾，杂物和乱草堆，搞好鸭舍外的环境卫生，对预防某些疫病具有十分重要的实际意义。

一、杀虫

某些节肢动物如蚊、蝇、虻等和体外寄生虫如螨、虱、蚤等生物，不但骚扰正常的鸭，影响生长和产蛋，而且还携带病原体，直接或间接传播疾病。因此，要设法杀灭。

杀虫先做好灭蚊蝇工作。保持鸭舍的良好通风，避免饮水器漏水，经常清除粪尿，减少蚊蝇繁殖的机会。

使用氯氰菊酯（每平方米地面用 4.5% 可湿性粉剂 0.2~0.4 克，加水稀释 250 倍，进行滞留喷洒）、溴氰菊酯（一般每亩地面用 2.5% 乳油或 25 克 / 升乳油或 2.5% 微乳剂 40~50 毫升，或 2.5% 可湿性粉剂 40~50 克，或 50 克 / 升乳油 20~25 毫升，或 25% 水分散片剂 4~5 克，兑水 30~60 升喷雾）等杀虫剂，黑光灯是一种专门用来灭蝇的装于特制的金属盒里的电光灯，灯光为紫色，苍蝇有趋向这种光的特性，而向黑光灯飞扑，当它触及带有负电荷的金属网即被电击而死。

二、灭鼠

老鼠在藏匿条件好、食物充足的情况下，每年可产 6~8 窝幼仔，每窝 4~8 只，一年可以猛增几十倍，繁殖速度快得惊人。养鸭场的小气候适于鼠类生长，众多的管道孔穴为老鼠提供了躲藏和居住的条件，鸭的饲料又为它们提供了丰富的食物，因而一些对鼠类失于防范的鸭场，往往老鼠很多，危害严重。养鸭场的鼠害主要表现在 4 个方面：一是咬死咬伤草鸭苗；二是偷吃饲料，咬坏设备；三是传播疾病；四是侵扰鸭群，影响鸭的生长发育和产蛋，甚至引起应激反应使鸭死亡。

1. 建鸭场时要考虑防鼠设施

墙壁、地面、屋顶不要留有孔穴等鼠类隐蔽处所，水管、电线、通风孔道的缝隙要塞严，门窗的边框要与周围接触严密，门的下缘最好用铁皮包镶，水沟口、换气孔要安装孔径小于 3 厘米的铁丝网。

2. 随时注意防止老鼠进入鸭舍

发现防鼠设施破损要及时修理。鸭舍不要有杂物堆积。出入鸭舍随手关门。在鸭舍外留出至少 2 米的开放地带，便于防鼠。因为鼠类一般不会穿越如此宽的空间，不能无限度地扩大两栋鸭舍间的植物绿化带，鸭舍周围不种植植被或只种植低矮的草，这样可以确保老鼠无处藏身。清除场区的草丛、垃圾，不给老鼠留有藏身条件。

3. 断绝老鼠的食源、水源

饲料要妥善保管，喂鸭抛撒的饲料要随时清理。切断老鼠的食源、水源。投饵灭鼠。

4. 灭鼠

灭鼠要采取综合措施，使用捕鼠夹、捕鼠笼、粘鼠胶等捕鼠方法和应用杀鼠剂灭鼠。杀鼠剂可选用敌鼠钠盐、杀鼠灵等。其中敌鼠钠盐、杀鼠灵对鸭毒性较小，使用比较安全。毒饵要投放在老鼠出没的通道，长期投放效果较好。

敌鼠钠盐价格比较便宜，对鸭比较安全。老鼠中毒后行动比较困难时仍然继续取食，一般老鼠食用毒饵后三四天内安静地死去。敌鼠钠盐可溶于酒精、沸水，配制 0.025% 毒饵时，先取 0.5克敌鼠钠盐溶于适量的沸水中（水温不能低于 80℃），溶解后加入0.01% 糖精或 2%~5% 糖，加入食用油效果更好，同时加入警戒色，再泡入 1 千克饵料（大米、小麦、玉米糁、红薯丝、胡萝卜丝、水果等均可）。而后搅拌均匀，阴干。过一段时间再搅拌，使饵料吸收药液，待药液全部吸收后晾干即成。毒饵现用现配效果更好，如上午投放毒饵，要在头一天下午拌制；下午投放毒饵，可在当天早晨拌制。

在我国南方，为防毒谷发芽发霉，可将敌鼠钠盐的酒精溶液用谷重25%的沸水稀释后浸泡稻谷，到药液全部吸收为止，效果良好。

三、控制鸟类

鸟类与鼠类相似，不但偷食饲料、骚扰动物，还能传播大量疫病，如新城疫、禽流感等。控制鸟类对防治鸭传染病有重要意义。控制鸟类的主要措施是在圈舍的窗户、换气孔等处安装铁丝网或纱窗，以防止各种鸟类的侵入。

第三节　搞好药物预防

科学合理用药是防治传染病的有力补充。应用药物预防和治疗也是增强机体抵抗力和防治疾病的有效措施。尤其是对尚无有效疫苗可用或免疫效果不理想的细菌病，如沙门氏菌病、大肠杆菌病、浆膜炎等。

一、用药目的

1.预防性投药

当鸭群存在以下应激因素时需预防性投药。

（1）环境应激　季节变换，环境突然变化，温度、湿度、通风、光照突然改变，有害气体超标等。

（2）管理应激　包括免疫、转群、换料、缺水、断电等。

（3）生理应激　雏鸭抗体空白期、开产期、产蛋高峰期等。

2.条件性疾病的治疗

当鸭群因饲养管理不善，发生条件性疾病时，如大肠杆菌病、

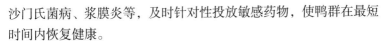

沙门氏菌病、浆膜炎等，及时针对性投放敏感药物，使鸭群在最短时间内恢复健康。

3.控制疾病的继发感染

任何疫病都是严重的应激危害因素，可诱发其他疾病同时发生。如鸭群发生病毒性疾病、寄生虫病、中毒性疾病等，易造成抵抗力下降，容易继发条件性疾病，此时通过预防性药物，可有效降低损失。

二、药物的使用原则

1.预防为主、治疗为辅

要坚持预防为主的原则。制定科学的用药程序，搞好药物预防、驱虫等工作。有的传染病只能早期预防，不能治疗，要做到有计划、有目的适时使用疫（菌）苗进行预防，及时搞好疫（菌）苗的免疫注射，搞好疫情监测。尽量避免蛋鸭发病用药，确保鸭蛋健康安全、无药物残留。必要时可添加作用强、代谢快、毒副作用小、残留最低的非人用药品和添加剂，或以生物制剂作为治病的药品，控制疾病的发生发展。

要坚持治疗为辅的原则。确需治疗时，在治疗过程中，要做到合理用药、科学用药、对症下药、适度用药，只能使用通过认证的兽药和饲料厂生产的产品，避免产生药物残留和中毒等不良反应。尽量使用高效、低毒、无公害、无残留的"绿色兽药"，不得滥用。

2.确切诊断，正确掌握适应症

对于养鸭生产中出现的各种疾病要正确诊断，了解药理，及时治疗，对因对症下药，标本兼治。目前养鸭生产中的疾病多为混合感染，极少是单一疾病，因此用药时要合理联合用药，除了用主药，还要用辅药，既要对症，还要对因。

对那些不能及时确诊的疾病，用药时应谨慎。由于目前鸭病太多、太复杂，疾病的临床症状、病理变化越来越不典型，混合感染、继发感染增多，很多病原发生抗原漂移、抗原变异，病理材料无代表性，加上经验不足等原因，鸭群得病后不能及时确诊的现象比较普遍。在这种情况下应尽量搞清是细菌性疾病、病毒性疾病、营养性疾病还是其他原因导致的疾病，只有这样才能在用药时不会出现较大偏差。在没有确诊时用药时间不宜过长，用药 3~4 天无效或效果不明显时，应尽快停（换）药进行确诊。

3. 适度剂量，疗程要足

剂量过小，达不到预防或治疗效果；剂量过大，造成浪费、增加成本、药物残留、中毒等；同一种药物不同的用药途径，其用药剂量也不同；同一种药物用于治疗的疾病不同，其用药剂量也应不同。用药疗程一般 3~5 天，一些慢性疾病，疗程应不少于 7 天，以防复发。

4. 用药方式不同，其方法不同

如，拌料给药要采用逐级稀释法，以保证混合均匀，以免局部药物浓度过高而导致药物中毒。同时注意交替用药或穿梭用药，以免产生耐药性。

5. 注意并发症，有混合感染时应联合用药

现代鸭病的发生多为混合感染，并发症比较多，在治疗时经常联合用药，一般使用两种或两种以上药物，以治疗多种疾病。如治疗鸭呼吸道疾病时，抗生素应结合抗病毒的中草药同时使用，效果更好。

6. 根据不同季节、日龄与发育特点合理用药

冬季防感冒、夏季防肠道疾病和热应激。夏季饮水量大，饮水给药时要适当降低用药浓度；而采食量小，拌料给药时要适当增加用药浓度。育雏、育成、产蛋期要区别对待，选用适宜不同时期的药物。

7. 接种疫苗期间慎用免疫抑制药物

鸭只在免疫期间，有些药物能抑制鸭的免疫效果，应慎用。如磺胺类、四环素类、甲砜霉素等。

8. 用药时辅助措施不可忽视

用药时还应加强饲养管理，因许多疾病是因管理不善造成的条件性疾病，如大肠杆菌病、寄生虫病、葡萄球菌病等。在用药的同时还应加强饲养管理，搞好日常消毒工作，保持良好的通风，适宜的密度、温度和光照，只有这样才能提高总体治疗效果。

9. 根据养鸭生产的特点用药

禽类对磺胺类药的平均吸收率较其他动物要高，故不宜用量过大或时间过长，以免造成肾脏损伤。禽类缺乏味觉，故对苦味药、食盐颗粒等照食不误，易引起中毒。禽类有丰富的气囊，气雾用药效果更好。禽类无汗腺，用解热镇痛药抗热应激，效果不理想。

10. 对症下药的原则

不同的疾病用药不同，同一种疾病也不能长期使用同一种药物进行治疗，最好通过药敏试验有针对性地投药。同时，要了解目前临床上常用药和敏感药。常用药物有抗大肠杆菌、鸭疫巴氏杆菌、沙门氏菌药；抗病毒中药；抗球虫药等。选择药物时，应根据疾病类型有针对性的使用。

三、常用的给药途径及注意事项

1. 拌料给药

给药时，可采用分级混合法，即把全部的用药量拌加到少量饲料中（俗称"药引子"），充分混匀后再拌加到计算所需的全部饲料中，最后把饲料来回折翻最少 5 次，以达到充分混匀的目的。拌料给药时，严禁将全部药量一次性加入到所需饲料中，以免造成混合不匀而导致鸭群中毒或部分鸭只吃不到药物。

2. 饮水给药

选择可溶性较好的药物，按照所需剂量加入水中，搅拌均匀，让药物充分溶解后饮水。对不容易溶解的药物可采用适当加热或搅拌的方法，促进药物溶解。

饮水给药方法简便，适用于大多数药物，特别是能发挥药物在胃肠道内的作用，药效优于拌料给药。

3. 注射给药

分皮下注射和肌内注射两种方法。药物吸收快，血药浓度迅速升高，进入体内的药量准确，但容易造成组织损伤、疼痛、潜在并发症、不良反应出现迅速等，一般用于全身性感染疾病的治疗。

但应当注意，刺激性强的药物不能做皮下注射；药量多时可分点注射，注射后最好用手对注射部位轻度按摩；多采用腿部肌内注射，肌注时要做到轻、稳、不宜太快，用力方向应与针头方向一致，勿将针头刺入大腿内侧，以免造成瘫痪或死亡。

4. 气雾给药

将药物溶于水中，并用专用的设备进行气化，通过鸭的自然呼吸，使药物以气雾的形式进入体内。适用于呼吸道疾病给药；对鸭舍环境条件要求较高；适合于急慢性呼吸道病等的治疗。

因呼吸系统表面积大，血流量多，肺泡细胞结构较薄，故药物极易吸收。特别是可以直接进入其他给药途径不易到达的气囊。

四、推荐鸭的预防用药程序

1. 1~5 日龄

用药目的加速胎粪及毒素的排泄，减少雏鸭因运输等造成的应激；净化禽沙门氏菌、禽大肠杆菌、禽亚利桑那菌、禽支原体等病原体造成的垂直传播，预防鸭病毒性肝炎、脐炎等，为育雏创造一个良好的开端。

推荐用药黄芪多糖口服液、复合维生素、鸭病毒性肝炎冻干苗、高免血清或高免卵黄抗体、氟喹诺酮类、氟苯尼考、大观霉素＋林可霉素等。

使用方法排毒缓应激。首饮以选用黄芪多糖口服液、复合维生素等任何一种，混饮 1 次为宜。

（1）1~3 日龄　净化病原体，预防脐炎、鸭传染性浆膜炎、鸭副伤寒等。按药敏试验结果，以选用氟喹诺酮类、氟苯尼考、大观霉素＋林可霉素等中的任何 1 种与黄芪多糖口服液联合饮水，连用 3 天为宜。

（2）2 日龄　鸭传染性肝炎疫苗免疫（无母源抗体或抗体水平很低鸭群），2~3 倍量滴口（高发地区此时可不免疫，皮下注射高免血清或高免卵黄抗体，间隔 7 日重复 1 次）。

（3）5 日龄　鸭传染性肝炎疫苗免疫（母源抗体水平较高的鸭群），2 倍量口服。疫苗与黄芪多糖口服液（抗原保护剂）同用最佳。

2. 6~8 日龄

用药目的预防鸭流感，减缓免疫应激，预防鸭传染性浆膜炎、鸭副伤寒等，避免鸭群在免疫断档期遭受危害。推荐用药鸭流感油苗、黄芪多糖口服液、半合成青霉素类、头孢菌素类、氟苯尼考、氟喹诺酮类等。使用方法按药敏试验结果，以从半合成青霉素类、头孢菌素类、氟苯尼考、氟喹诺酮类等中任选一种与黄芪多糖口服液联用，连用 3 天为宜。7 日龄（免疫当日）宜选用鸭流感油苗，肌注，每羽 0.3~0.5 毫升。

3. 11~13 日龄

用药目的预防禽大肠杆菌病、鸭传染性浆膜炎、鸭霉菌性肺炎等。推荐用药半合成青霉素类、头孢菌素类、氨基糖苷类、氟苯尼考、氟喹诺酮类、磺胺类、黄芪多糖口服液、硫酸铜等。使用方法按药敏试验结果，宜从半合成青霉素类、头孢菌素类、氨基糖苷类、氟苯尼考、氟喹诺酮类、磺胺类等中任选一种与黄芪多糖口服液联用，连用 3 天；同时饮用 0.1%~0.3% 硫酸铜溶液预防鸭霉菌性肺炎。

4. 14~16 日龄

用药目的预防鸭瘟，减缓免疫应激反应及鸭支原体感染暴发。推荐用药鸭瘟疫苗、黄芪多糖口服液、大环内酯类、氟喹诺酮类等。

使用方法免疫前 1 日、免疫当日、免疫后 1 日以选用大环内酯类、氟喹诺酮类等中的任何一种，与黄芪多糖口服液联用，连用 3 天为宜。15 日（免疫当日）宜选用鸭瘟疫苗，肌注，每羽 0.3~0.5 毫升。

5. 17~19 日龄

预防目的预防禽大肠杆菌病、鸭传染性浆膜炎、鸭坏死性肠炎等。

推荐用药半合成青霉素类、头孢菌素类、氨基糖苷类＋林可胺类、氟苯尼考、氟喹诺酮类、磺胺类、黄芪多糖口服液等。

使用方法按药敏试验结果，以从半合成青霉素类、头孢菌素类、氨基糖苷类＋林可胺类、氟苯尼考、氟喹诺酮类、磺胺类等中任选一种，与黄芪多糖口服液联用，连用3天为宜。

6. 22~25日龄

用药目的保护或预防免疫空白期鸭群遭受病毒的侵害，提高免疫力，保肝护肾，使鸭群获得足够的保护力。

推荐用药黄芪多糖口服液、中药抗病毒颗粒、干扰素、转移因子、清瘟败毒散、荆防败毒散、双黄连口服液、乌洛托品、柠檬酸钠＋氯化钾等。

使用方法以从中药抗病毒颗粒、干扰素、转移因子、清瘟败毒散、荆防败毒散、双黄连口服液等中任选一种，与黄芪多糖口服液联用，连用3~4天为宜。选用乌洛托品、柠檬酸钠＋氯化钾等任何一种，每晚饮3~5小时，连用3~4天为宜。

7. 27~30日龄

用药目的预防鸭流感、鸭瘟以及鸭大肠杆菌病、禽霍乱与鸭传染性窦炎等混感。

推荐用药中药抗病毒颗粒、干扰素、转移因子、清瘟败毒散、荆防败毒散、双黄连口服液、黄芪多糖口服液，氟喹诺酮类、新霉素＋强力霉素、林可霉素＋大观霉素等。

使用方法以从中药抗病毒颗粒、干扰素、转移因子、清瘟败毒散、荆防败毒散、双黄连口服液中任选一种和氟喹诺酮类、新霉素＋强力霉素、林可霉素＋大观霉素等中的任何一种与黄芪多糖口服液联用，连用3~4天为宜。

8. 32日龄到出栏

用药目的严格饲养管理程序，加强兽医卫生防疫；提供充足营养，保肝护肾，维护肠道，催肥增重，提高出栏率。

推荐用药黄芪多糖口服液、复合维生素、聚维酮碘、癸甲溴铵、二氯异氰尿酸钠、戊二醛、乌洛托品、柠檬酸钠＋氯化钾、清瘟败毒散、荆防败毒散等。

使用方法采用先进饲养技术，提供清洁、充足的饲料和饮水，强化环境卫生，严格日常管理程序。带鸭消毒要坚持2~3日1次，以选用癸甲溴铵、聚维酮碘、二氯异氰尿酸钠、戊二醛等成分的消毒药，两种交替使用为宜。饮水消毒以选用聚维酮碘、癸甲溴铵、二氯异氰尿酸钠等成分的消毒剂任一种为宜。清理水线以选用癸甲溴铵、二氯异氰尿酸钠等成分的消毒剂任一种为宜。保肝护肾，预防腹水选用乌洛托品、柠檬酸钠＋氯化钾等成分的保肾药任一种与黄芪多糖口服液联用为宜。补充营养、预防应激宜选用复合维生素与黄芪多糖口服液联用为宜。保护肠道、预防肠炎：选用清瘟败毒散、荆防败毒散等任一种与黄芪多糖口服液联用为宜。

第四节 发生传染病时的紧急处置

传染病的一个显著特点是具有潜伏期，病程的发展有一个过程。由于鸭群中个体体质的不同，感染的时间也不同，临床症状表现得有早有晚，总是部分鸭只先发病，然后才是全群发病。因此，饲养人员要勤于观察，一旦发现传染病或疑似传染病，需尽快进行紧急处理。

一、封锁、隔离和消毒

一旦发现疫情，应将病鸭或疑似病鸭立即隔离，指派专人管理，同时向养鸭场所有关人员通报疫情，并要求所有非必须人员不得进入疫区和在疫区周围活动，严禁饲养员在隔离区和非隔离区之间来往，使疫情不致扩大，有利于将疫情限制在最小范围内就地消灭。

要尽快作出诊断，以便尽早采取治疗或控制措施。最好请兽医师到现场诊断，本场不能确诊时，应将刚死或濒死期的鸭，放在严密的容器中，立即送有关单位进行确诊。当确诊或怀疑为严重疫情时，应立即向当地兽医部门报告，必要时采取封锁措施。

治疗期间，最好每天消毒 1 次。病鸭治愈或处理后，再经过一个该病的潜伏期时限，并再进行 1 次全面的大消毒，之后才能解除隔离和封锁。

鸭场发生传染病后，病原数量大幅增加，疫病传播流行会更加迅速。为了控制疫病传播流行及危害，在隔离的同时，要立即采取消毒措施，对鸭场门口、道路、鸭舍门口、鸭舍内及所有用具都要彻底消毒，对垫草和粪便也要彻底消毒，对病死鸭要做无害化处理。一般消毒程序是如下。

① 5% 的氢氧化钠溶液，或 10% 的石灰乳溶液对养殖场的道路、畜舍周围喷洒消毒，每天一次。

② 15% 漂白粉溶液、5% 的氢氧化钠溶液等喷洒畜舍地面、畜栏，每天一次。带鸭消毒，用 0.3% 农家福，0.5%~1% 的过氧乙酸溶液喷雾，每天一次。

③ 粪便、粪池、垫草及其他污物化学或生物热消毒。

④ 出入人员脚踏消毒液，紫外线等照射消毒。消毒池内放入 5% 氢氧化钠溶液，每周更换 1~2 次。

⑤ 其他用具、设备、车辆用 15% 漂白粉溶液、5% 的氢氧化钠溶液等喷洒消毒。

⑥ 疫情结束后，进行全面消毒 1~2 次。

二、紧急免疫接种

紧急免疫接种是指某些传染病暴发时，为了迅速控制和扑灭该病的流行，对疫区和受威胁区的家禽进行的应急性免疫接种。紧急免疫接种应根据疫苗或抗血清的性质、传染病发生及其流行特点进行合理的安排。

接种后能够迅速产生保护力的一些弱毒苗或高免血清，可以用于急性病的紧急接种，因为此类疫苗进入机体后往往经过 3~5 天便可产生免疫力，而高免血清则在注射后能够迅速分布于机体各部。

由于疫苗接种能够激发处于潜伏期感染的动物发病，且在操作过程中容易造成病原体在感染动物和健康动物之间的传播，因此为了提高免疫效果，在进行紧急免疫接种时应首先对动物群进行详细的临床检查和必要的实验室检验，以排除处于发病期和感染期的动物。

多年来的临床实践证明，在传染病暴发或流行的早期，紧急免疫接种可以迅速建立动物机体的特异性免疫，使其免遭相应疾病的侵害。但在紧急免疫时需要注意，必须在疾病流行的早期进行；尚未感染的动物既可使用疫苗，也可使用高免血清或其他抗体预防；但感染或发病动物则最好使用高免血清或其他抗体进行治疗；必须采取适当的防范措施，防止操作过程中由人员或器械造成的传染病蔓延和传播。

三、药物治疗

治疗的重点是病鸭和疑似病鸭，但对假定健康鸭的预防性治疗亦不能放松。治疗应在确诊的基础上尽早进行，这对及时消灭传染病、阻止其蔓延极为重要，否则会造成严重后果。

有条件时，在采用抗生素或化学药品治疗前，最好先进行药敏实验，选用抑菌效果最好的药物，并且首次剂量要大，这样效果较好。

也可利用中草药治疗。不少中草药对某些疫病具有相当好的疗效，而且不产生耐药性，无毒、副作用，现已在鸭病防治中占相当地位。

四、护理和辅助治疗

鸭在发病时，由于体温升高、精神呆滞、食欲降低、采食和饮水减少，造成病鸭摄入的蛋白质、糖类、维生素、矿物质水平等低于维持生命和抵御疾病所需的营养需要。因此必要的护理和辅助治疗有利于疾病的转归。

可通过适当提高舍温、勤在鸭舍内走动、勤搅拌料槽内饲料、改善饲料适口性等方面促进鸭群采食和饮水。

依据实际情况，适当改善饲料中营养物质的含量或在饮水中添加额外的营养物质。如适当增加饲料中能量饲料（如玉米）和蛋白质饲料的比例，以弥补食欲降低所减少的摄入量；增加饲料中维生素 A、维生素 C 和维生素 E 的含量对于提高机体对大多数疾病的抵抗力均有促进作用；增加饲料维生素 K 对各种传染病引起的败血症和球虫病等引起的肠道出血都有极好的辅助治疗作用；另外在疾病期间家禽对核黄素的需求量可比正常时高 10 倍，对其他 B 族维生素（烟酸、泛酸、维生素 B_1、维生素 B_{12}）的需要量为正常的 2~3 倍。因此在疾病治疗期间，适当增加饲料中维生素或在饮水中添加一定量的速补 –14 或其他多维电解质—类的添加剂极为必要。

参考文献

[1] 王永强. 轻松学养肉鸭 [M]. 北京：中国农业科学技术出版社，2015.

[2] 张金洲. 轻松学养蛋鸭 [M]. 北京：中国农业科学技术出版社，2015.

[3] 柳东阳. 轻松学鸭鸭病防制 [M]. 北京：中国农业科学技术出版社，2015.